# 零負擔
# 美味輕食提案

全食物×低脂減醣×高能量，
吃巧吃飽家常料理150道

沙小囡・著

## 作者序

### 享受煙火樂趣，品嘗滋味人生

朋友眼中的我是「知食分子」一枚，不是專業大廚，卻是資深吃貨！除了一日三餐，週末我經常約三五好友在家小聚，做的也都是很家常的食物。感受食材從下鍋到上桌的變化，賦予食材二次生命的同時我也品嘗到了人生之趣。

隨著營養知識的慢慢豐富，我意識到飲食健康的重要性。這些年很流行的輕食也漸漸占據了我的餐桌。輕食不是指一種特定的食物，而是餐飲的一種形態，輕的不僅是食材的分量，更是烹飪方式，以保留食材本來的營養和味道。輕食，可以有效的幫我們控制食欲，但並不是餓肚子，而是在飽腹的同時吸收高營養。日常做家常菜我會選擇蒸、燉、煮、烤、拌等少油的烹飪方式，可以減少胃腸道負擔。食材上，選擇時蔬、鮮果、低脂優質肉類；調味料選用健康的食用油、零卡糖以及低卡醬料，椒鹽、蒜鹽等也大多自己製作，輕調味、重食材。輕食讓我們營養攝取無負擔、無壓力、更健康，同時引申出一種積極陽光的生活態度和生活方式。

如果說，詩和遠方是靈魂的嚮往，那麼人間煙火便是肉體的歸宿。我們總是說人間煙火氣，最撫凡人心。很多時候，令人不悅的周遭，會讓人覺得我們只是單純的活著。很多時候，煩心的瑣事，甚至會讓人忘記食物的味道，只是索然無味的去填飽肚子。慢下來，坐下來，方能在平凡的生活瑣事裡覓得煙火樂趣。

我寫的不是食譜，拍的不是照片，而是對美好生活的紀錄。

這一生，我們都要快快樂樂的。

# 輕食關鍵字

輕食這個詞如今大家已不陌生，它是指採用營養密度高且低卡的食材，加以簡單的烹飪方式，膳食結構和營養成分均滿足人體正常需求的健康飲食。輕食的理念是「三低一高」，即低糖、低鹽、低油、高纖維。

**食材選擇** 遵循低熱量、高營養、高纖維的特點。在保證合理的膳食結構基礎上儘量做到每餐都包括穀薯類、優質蛋白類、蔬果以及乳製品。

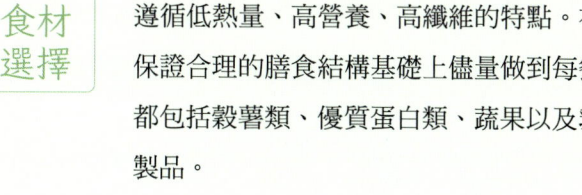

**烹飪方式** 蒸、煮、燉、烤、拌是適合輕食的烹飪方式，避免油煎、爆炒、油炸，既可以防止食物中營養素過度流失，減少過量脂肪的攝入，還可以避免攝入高油溫烹調所產生的有害物質。

**低油**

- 儘量選多不飽和脂肪酸油類，如橄欖油、菜籽油、山茶油、核桃油、大豆油、花生油、玉米油、芝麻油、葵花子油、亞麻籽油等。
- 利用低油烹飪工具，如：烤箱、微波爐、氣炸鍋等，噴油壺、瀝油架、吸油紙也能有效減少用油。
- 控制發煙點，油溫控制在90～120℃為宜，避免油溫過高冒煙產生有害物質。
- 很多肉類本身含有脂肪，如雞肉、五花肉等，在烹飪時可以不放油或者少放。
- 烹飪肉類時可以多加一些素菜或用少油食材代替，比如做丸子時，可以放入蓮藕、冬瓜等，將五花肉換成豬頸肉、雞肉、魚肉等。
- 原本應該過油的料理方式改成汆燙，汆燙後食材表面有層水，可以隔絕油的滲入。
- 煲湯時撇去浮油，既減少油脂攝入，湯色也會更清。

**低鹽**

- 用控鹽量匙。
- 避免醬油、雞粉、味精等調味品同時使用。
- 出鍋前撒鹽，這樣鹽不用滲入食材內部就能感覺到明顯的味道，可以減少鹽的用量。
- 適當添加檸檬汁、醋、番茄等調味，既可以減少鹽的用量，又能讓味道更好。
- 做湯時用適量蝦皮、紫菜、雪菜、鹹菜等來代替鹽提鮮，雪菜、鹹菜等要提前浸泡去除大部分鹽分。

**低糖**

- 用控糖量匙。
- 減少使用含糖量高的醬汁調料，利用食材本身的甜味，如蒸飯時加入一些南瓜、燕麥等。
- 儘量少放白糖，或者用蜂蜜、零卡糖等代替白糖。

- 部分料理圖片含有裝飾物，不作為必要食材元素出現在食譜文字中，可依據自己的喜好添加。
- 書中標注的烹飪時間通常不含浸泡、冷卻、醃製時間，僅供參考。
- 食譜材料中1匙約為15克，1小匙約為5克。
- 部分料理總熱量高，可酌情減少食用量。

# 目錄

## 輕蔬食

涼拌素絲/002
擂椒皮蛋拌茄子/003
涼拌豇豆/004
涼拌豆皮/005
薺菜拌香乾/006
苦盡甘來/007
涼拌穿心蓮/008
涼拌石花菜/009
酸辣海帶芽/010
酸甜脆爽漬蘿蔔/011
韓式雜菜/012
洋蔥木耳炒雞蛋/014
外婆菜炒蛋/015
藜麥時蔬烘蛋/016
青瓜厚蛋燒/017
蛋餃燴絲瓜/018
北非蛋/020
荷塘小炒/021
木耳炒山藥/022
無油炸山藥/023
蒸麵條菜/024
五福臨門/025
八寶百財福袋/026

綠野鮮菇/028
響油素鮑魚/029
香煎巴西蘑菇/030
素佛跳牆/031
蔥油芋頭/032
蝦皮蘿蔔絲/033
百頁豆腐青菜粉絲煲/034
香椿豆腐餅/036
上湯娃娃菜/038

## 輕肉食

川味椒麻雞/040
酸辣檸檬雞爪/041
彩椒雞肉串/042
無油檸檬乾鍋烤翅/043
黑椒雞肉玉米脆皮腸/044
免油炸韓式雞柳/046
香腸苦瓜蒸排骨/047
娃娃菜捲肉/048
醃篤鮮/049
彩椒牛肉串/050
金針肥牛/051
黃燜牛肉/052
番茄燉牛腩/054

繽紛果蔬香煎魚排/055
香煎比目魚配山核桃芒果莎莎/056
清蒸大黃魚/057
蟲草花蒸魚片/058
酸湯魚片/059
老壇酸菜魚/060
鹽烤鯖魚/061
乾鍋焗鱸魚煲/062
無油乾炸白帶魚/064
鮮蝦酪梨沙拉/065
低脂撈汁大蝦/066
酸湯蝦片/068
翡翠燴三鮮/070
蝦滑蒸冬瓜/071
絲瓜鮮蝦煲/072
金針菇蝦仁豆腐煲/074
蝦仁豆腐蒸蛋/076
低脂蛤蜊釀蝦滑/077
花蛤粉絲煲/078
蒜蓉粉絲蒸貽貝/079
蒜蓉粉絲蒸小卷/080
貽貝拌菠菜/082
溫拌鮑魚/083
白灼小章魚/084

懶人小餐包/088
椰子蜜豆小餐包/089
牛角小麵包/090
多穀物紫薯蝴蝶結小麵包/092
無油雜糧全麥司康/093
馬鈴薯泥黃瓜壽司捲/094
時蔬肉鬆飯糰/095
低脂飯糰/096
嫩牛口袋餅/098
芝香肉鬆海苔格子鬆餅/100
菠菜紅豆沙糯米餅/101
蔓越莓玉米捲/102
榆錢窩窩/103
翡翠白菜蒸餃/104
玫瑰花蒸餃/106
健康減脂便當/108
日式碎雞飯/110
鮮魷蓋飯/111
肥牛蓋飯/112
石鍋拌飯/113
番茄火腿燴蒟蒻米飯/114
花樣蛋包飯/115
番茄雞蛋炒「飯」/116
藜麥炒飯/117
海苔拌飯/118
蕎麥涼麵/119
朝鮮冷麵/120
芝麻醬蕎麥麵皮/122
番茄義大利麵配蒜香牛肉粒/123
香菇雞蛋炸醬麵/124
海鮮蒟蒻烏龍麵/126

# 輕主食

糖果鮪魚三明治/086
蘋果玫瑰花吐司/087

## 輕湯飲

山藥玉米排骨湯/128

蓮藕脊骨湯/130

泡菜五花肉豆腐湯/131

金湯鮮蝦豆腐/132

蛤蜊冬瓜湯/133

薏米山藥鯽魚湯/134

清湯雞肉丸子/136

菌菇土雞湯/138

三鮮菌菇湯/139

豆腐丸子青菜湯/140

時蔬豆腐湯/141

韓式大醬湯/142

海參小米粥/143

滋補銀耳蓮子羹/144

雜糧米糊/145

酸梅湯/146

鳳梨喳喳/147

梅子綠茶/148

薄荷西瓜清涼飲/149

蔓越莓冰爽檸檬水/150

檸檬薏米水/151

生椰拿鐵/152

珍珠奶茶/153

酪梨香蕉奶昔/154

白桃烏龍茶凍撞奶/155

木瓜銀耳燉牛奶/156

## 輕甜點

烤牛奶/158

火龍果椰子奶凍/159

半糖蔓越莓奶凍/160

木瓜奶凍/161

優酪乳燕麥脆片南瓜杯/162

蜜豆龜苓膏/163

芒果紫米甜甜/164

咖啡豆豆小餅乾/165

杏仁奶酥小餅/166

童年奶片/167

椰子榴槤扭扭酥/168

脆皮地瓜球/169

蛋白椰絲球/170

無奶油蜜豆蛋塔/171

蔓越莓蛋塔/172

抹茶蜜豆毛巾捲/174

全麥吐司香蕉派/176

椰香地瓜派/177

鈴鐺燒/178

蕎麥仙豆糕/180

舒芙蕾/182

燕麥堅果能量棒/183

輕蔬食

# 涼拌素絲

- 🕐 10 分鐘　　△ 汆、拌
- ☆ 簡單　　　◎ 429 大卡
- ✓ 補充鐵元素

一道爽口的涼拌菜，最適合天氣炎熱的時候，清清爽爽。

### 材料

| | |
|---|---|
| 胡蘿蔔 50 克 | 蠔油 1 匙 |
| 綠豆芽 50 克 | 清香米醋 1 匙 |
| 泡發木耳 10 朵 | 鮮味露 1 匙 |
| 腐皮 1 張 | 香油 1/2 匙 |
| 香菜 1 根 | 辣椒油 適量 |
| 熟白芝麻 適量 | 雞粉、零卡糖 少許 |

### 做法

1　將腐皮、胡蘿蔔、泡發木耳切絲，香菜切段備用。

2　將腐皮絲、木耳絲和綠豆芽分別汆燙斷生，瀝乾後放入容器中。

### 小叮嚀

涼拌醬汁裡可以依據個人口味加點蒜末。

3　將上述食材以外的材料調成醬汁，淋在蔬菜上。

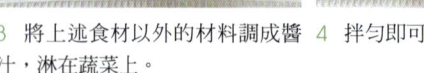

4　拌勻即可。

# 擂椒皮蛋拌茄子

低卡減脂，好吃不胖！蒜末、虎皮尖椒、皮蛋、軟糯糯的蒸茄子拌在一起，這口感真絕！做法也很簡單，15分鐘搞定。

### 材料

| | |
|---|---|
| 長茄子 1～2 根 | 鮮味露 2 匙 |
| 尖椒 4 個 | 清香米醋 1 匙 |
| 雞心椒 2 個 | 蠔油 1 匙 |
| 蒜 3 瓣 | 香油 1/2 匙 |
| 皮蛋 1 個 | 零卡糖 少許 |

### 小叮嚀

這個擂椒皮蛋拌茄子熱量很低，減脂可以放心吃。直接吃、弄個三明治、拌飯、拌麵、抹麵包都很鮮香。

- 15 分鐘
- 蒸、拌
- 簡單
- 278 大卡
- 低熱量 | 低飽和脂肪 | 低糖

### 做法

1 長茄子洗淨，上鍋隔水大火蒸 10 分鐘。

2 尖椒洗淨，放入平底鍋中，不放油，煎至表面微焦。

3 蒜去皮、切末，雞心椒切圈，皮蛋切小塊。

4 蒸好的茄子放涼，煎好的尖椒去蒂、去籽，放入大碗中，用擀麵棍搗碎。

5 加入蒜末、雞心椒、皮蛋、鮮味露和清香米醋。

6 再加入蠔油和零卡糖，淋香油拌勻。

# 涼拌豇豆

- ⏰ 20 分鐘　🍲 煮、拌
- ☆ 簡單　　　☀ 78 大卡
- ✓ 低熱量｜低脂

天氣炎熱時就應該來幾口涼拌菜，這才是對吃飯時刻的尊重。

### 材料

| | |
|---|---|
| 豇豆 200 克 | 鹽 少許 |
| 蒜 2 瓣 | 檸檬和風醬 3 匙 |
| 雞心椒 2 個 | |

### 小叮嚀

1. 煮豇豆時水中可以加點鹽，保持豇豆翠綠。
2. 涼拌汁可依據個人口味調整材料。

### 做法

1 豇豆洗淨，冷水下鍋煮約10分鐘，煮熟後撈出，過涼水。

2 將豇豆撕開，一分為二。

3 撥出中間的豆子，備用。

4 豇豆一端對折，用另一端一點一點纏繞。

5 把所有繞好的豇豆結擺入盤子裡，放上豆子。

6 雞心椒切碎，蒜切末，加檸檬和風醬和鹽拌勻，淋在豇豆上即可。

# 涼拌豆皮

- ⏱ 10 分鐘　　🍳 汆、拌
- ☆ 簡單　　🔥 478 大卡
- ✓ 富含蛋白質

好吃不胖的涼拌豆皮，口感滑嫩軟香，還能補充蛋白質，沒下過廚房的人也能輕鬆做。

### 材料

| | |
|---|---|
| 乾豆皮 80 克 | 薄鹽醬油 2 匙 |
| 小黃瓜 1/2 根 | 清香米醋 1 匙 |
| 胡蘿蔔 1/2 根 | 蠔油 1 匙 |
| 蒜 3 瓣 | 香油 1/2 匙 |
| 香菜 1 根 | 零卡糖 少許 |

### 做法

1　乾豆皮用溫水泡軟，汆燙1分鐘後撈出瀝乾。

2　胡蘿蔔、小黃瓜切絲，香菜梗、蒜切末備用。

3　取一個小碗，放入蒜末和香菜梗，加入薄鹽醬油、蠔油、清香米醋、零卡糖和香油拌勻成醬汁。

4　將汆燙好的豆皮、胡蘿蔔、小黃瓜和香菜葉放入大碗中，淋上醬汁，拌勻即可。

### 小叮嚀

可依據個人口味加辣椒油。

# 薺菜拌香乾

- ⏱ 10 分鐘　△ 氽、拌
- ☆ 簡單　☀ 212 大卡
- ✓ 低飽和脂肪 ｜ 低膽固醇 ｜ 高鈣 ｜ 低鹽

薺菜時令性很強，春天的薺菜味道最為鮮美。除了涼拌，將薺菜切碎剁細，包成餃子或做成肉丸，都是不錯的選擇。

### 材料

| | |
|---|---|
| 薺菜 250 克 | 鮮味露 2 匙 |
| 香豆乾 2 塊 | 香油 1 匙 |
| 蒜 2 瓣 | 雞粉 少許 |

## 做法

1 薺菜清洗乾淨，放入開水中氽燙一下。

2 將氽燙好的薺菜撈出，擠乾水後切碎。

3 蒜去皮，和香豆乾一起切碎。

4 把薺菜、蒜碎、香豆乾碎放入容器中，加入鮮味露、香油和雞粉拌勻。

5 壓入模具後扣在盤子中。

### 小叮嚀

氽燙好的薺菜一定要把水分擠乾再烹飪。可以用保鮮袋封好，冷凍保存。

# 苦盡甘來

- ⏱ 15 分鐘   🍚 汆、拌
- ☆ 簡單   🔥 409 大卡
- ✓ 低飽和脂肪

天氣炎熱，吃不下飯怎麼辦？不妨吃一些苦味食物。這道「苦盡甘來」入口微甜、口感爽脆，不愛吃苦瓜的人也敢大口吃。

## 材料

| | |
|---|---|
| 苦瓜 1 根 | 濃縮柳橙汁 20 毫升 |
| 乾百合 15 克 | 零卡糖 6 克 |
| 哈密瓜 1/2 個 | 鹽 1 克 |
| 蜂蜜 20 克 | 雪碧 100 毫升 |

## 做法

1 苦瓜切頭去尾，切成長度相同的小節，對半切開，去瓤，再把斷面切成鳳尾狀。

2 將苦瓜放入冰水中浸泡2小時。

3 乾百合泡發後清洗乾淨，汆燙後撈出。

4 哈密瓜挖出果球。

5 將泡好的苦瓜瀝水，放入盤中。

6 放上哈密瓜球和百合。

7 將蜂蜜、濃縮柳橙汁、零卡糖、鹽、雪碧攪拌均勻，調成醬汁。

8 上桌後在苦瓜上淋上醬汁。。

### 小叮嚀

苦瓜斷面切成鳳尾狀，將肉露出，甜味才能充分滲透進去，中和苦味。

# 涼拌穿心蓮

- 🕐 10 分鐘
- 🍳 汆、拌
- ☆ 簡單
- ◎ 164 大卡
- ✓ 低飽和脂肪 | 低糖

穿心蓮能夠解熱、抗炎，炎熱的日子裡吃它最對味！清新爽口，開胃又健康。

### 材料

穿心蓮 250 克　　　鮮味露 2 匙
木耳 1 小把　　　　清香米醋 1 匙
蒜 3 瓣　　　　　　香油 1 匙
雞心椒 2 個

### 做法

1　穿心蓮洗淨後瀝乾水分。

2　雞心椒切圈狀，蒜去皮、切末備用。

3　木耳泡發後用開水汆燙熟，瀝乾備用。

4　把蒜末、雞心椒放入小碗中，加入鮮味露、清香米醋和香油拌混均勻。

5　把木耳、穿心蓮放入大碗中，加入調好的醬汁。

6　戴上免洗手套抖拌均勻，裝盤即可。

### 小叮嚀

❶ 穿心蓮不用汆燙，洗淨後瀝乾水分即可。
❷ 調味料可依據個人口味調整。

# 涼拌石花菜

- ⏱ 10 分鐘　○ 拌
- ☆ 簡單　◎ 260 大卡
- ✓ 低脂｜低糖

石花菜是海邊石頭上自然生長的海藻類植物，口感爽脆。沒胃口的時候來上一盤涼拌石花菜，酸辣脆爽，非常開胃！

## 材料

石花菜 80 克
雞心椒 3 個
香菜 1 根
蒜 10 瓣
鮮味露 1 匙
蠔油 3 匙
清香米醋 2 匙
熟白芝麻 適量
食用油 20～30 毫升

## 做法

1 石花菜用涼開水泡發後洗淨，瀝乾備用。

2 雞心椒切圈。香菜葉和香菜梗分開，香菜梗切段。蒜去皮。

3 將蒜搗成蒜泥。

4 把蒜泥、雞心椒圈、香菜梗、熟白芝麻放入碗中，起鍋燒油，油溫九成熱後淋在上面，激發出香味。

5 加入鮮味露、蠔油以及清香米醋，攪拌均勻成涼拌汁。

6 在石花菜中加入香菜葉，再淋上調好的涼拌汁，拌勻即可。

## 小叮嚀

1. 石花菜用涼開水泡發、洗淨即可涼拌，無須汆燙。
2. 石花菜含有豐富的蛋白質、維生素和鈣、鐵、鎂等礦物質，石花菜萃取物對於降血脂、降血壓、抗腫瘤有一定作用，是不可多得的天然食材。

# 酸辣海帶芽

- 🕐 10 分鐘
- ☆ 簡單
- ⌂ 氽、拌
- ◎ 214 大卡
- ✓ 低膽固醇

這道酸辣可口的清新刮油菜，絕對可以喚醒你的味蕾，拯救你的食慾。

### 材料

| | |
|---|---|
| 海帶芽 200 克 | 米醋 1 匙 |
| 蒜 3 瓣 | 白醋 1 匙 |
| 青蔥 1 根 | 熟白芝麻 適量 |
| 雞心椒 2 個 | 食用油 20～30 毫升 |
| 薑 1 片 | 鹽、雞粉 適量 |
| 鮮味露 2 匙 | 零卡糖 1 小匙 |

### 做法

1 海帶芽浸泡後洗淨，放入滾水中，加白醋氽燙兩三分鐘。撈出過涼開水後瀝乾。

2 薑、蒜切末，雞心椒、青蔥切圈狀。

3 把薑蒜末、雞心椒、青蔥、熟白芝麻放入小碗中。鍋中油燒至八九成熱，淋入碗中爆香調料。

4 在調料中加入鮮味露、米醋、零卡糖、鹽和雞粉，攪拌均勻成醬汁。

5 把調好的醬汁淋在氽燙好的海帶芽上，拌勻後即可裝盤。

### 小叮嚀

海帶富含的膳食纖維具有刺激腸道蠕動的作用，既可減少飢餓感，又能提供多種胺基酸和無機鹽，是理想的飽腹食材。海帶中所含的昆布氨酸具有降低血壓的功效，對預防高血壓和中風有積極作用。

# 酸甜脆爽漬蘿蔔

沒什麼胃口時，吃點漬蘿蔔就能夠讓自己胃口大開。要想做出又脆又爽口的漬蘿蔔，不妨看看這個方法吧，只需一晚就能享用。

### 材料

青蘿蔔 1/2 根
鮮味露 5 匙
米醋 2 匙
白醋 1 匙
雞心椒 2 個
零卡糖 適量
蒜 2 瓣
薑 1 小塊
鹽 適量

### 小叮嚀

生蘿蔔的氣味有點不好聞，還會有辣的口感，用鹽醃一下，可去除蘿蔔的味道和辣味。蘿蔔殺青後要過涼開水洗淨。

⊕ 10 分鐘　△ 漬
☆ 簡單　◎ 69 大卡
✓ 低脂

### 做法

1　青蘿蔔洗淨、去皮、切片。

2　把蘿蔔片放入容器中，加入適量鹽，搖晃裹均勻。

3　把殺出水分的蘿蔔片過一下涼開水，洗淨瀝乾。

4　薑、蒜切片狀，雞心椒切圈狀備用。

5　將薑、蒜、雞心椒放入容器當中，加鮮味露、米醋、白醋、零卡糖，攪拌均勻成漬汁。

6　將蘿蔔片浸泡在漬汁裡，蓋上保鮮膜，放進冰箱冷藏一晚入味即可。

# 韓式雜菜

- ⏱ 20 分鐘
- ⌂ 尜、炒、拌
- ☆ 簡單
- ◎ 691 大卡
- ♥ 低飽和脂肪｜低膽固醇

以前經常會看到韓劇裡出現拌雜菜、雜菜拌飯，簡直太誘人了。所以我就想著做一個復刻版，有了烤肉醬的加入，味道真是特別正宗，營養健康，比外面賣的還好吃呢！看韓劇再也不用乾嚥口水了。

## 材料

| | | | | |
|---|---|---|---|---|
| 菠菜 100 克 | 木耳 7 朵 | 洋蔥 1/4 個 | 韓式醬香烤肉醬 3 匙 | 太白粉 少許 |
| 里肌肉 100 克 | 胡蘿蔔 1/2 根 | 蒜 3 瓣 | 香油 適量 | 食用油 適量 |
| 香菇 3 朵 | 粉絲 1 把 | 熟白芝麻 適量 | 生抽 1 匙 | |

## 做法

1 里肌肉切絲，加入生抽、太白粉、香油抓勻，醃製15分鐘。

2 菠菜洗淨，瀝乾水分後切段。汆燙10秒去草酸。

3 木耳泡發後洗淨，汆燙備用。

4 胡蘿蔔、洋蔥切絲，香菇切片，蒜切末備用。

5 粉絲用開水泡軟。

6 鍋中加入適量油，燒熱後放入醃好的里肌肉絲，炒至變色。

7 加入洋蔥、胡蘿蔔和香菇充分炒軟。

8 泡好的粉絲過滾水燙一下，瀝乾後放入大碗中，加入蒜末、香油和1匙烤肉醬。

9 抓拌均勻之後加入汆燙熟的菠菜、木耳和炒好的雜菜，撒上熟白芝麻。再加入2匙烤肉醬，抓拌均勻。

### 小叮嚀

配菜可依據個人喜好增減搭配。

# 洋蔥木耳炒雞蛋

- ⏱ 10 分鐘  ⌂ 汆、炒
- ☆ 簡單  ◎ 348 大卡
- ✓ 低糖

色香味俱全的清腸去火料理——洋蔥木耳炒雞蛋是人們熟知的家常菜，有豐富的營養。

### 材料

| | |
|---|---|
| 雞蛋 2 個 | 鹽、雞粉 適量 |
| 洋蔥 1/2 個 | 鮮味露 15 毫升 |
| 木耳 10 朵 | 清香米醋 5 毫升 |
| 青椒 1/2 個 | 零卡糖 2 克 |
| 紅椒 1/2 個 | 食用油 適量 |

### 做法

1 洋蔥、青紅椒切滾刀片。

2 雞蛋打入碗中，打散成蛋液。

3 木耳泡發，入滾水汆燙兩三分鐘後撈出瀝乾。

4 鍋中倒適量油，燒熱後倒入蛋液，炒散後盛出。

5 不用再放油，接著放入各種蔬菜，大火翻炒。

6 加入適量鹽和雞粉翻炒均勻，再加入鮮味露。

7 加入炒好的雞蛋，翻炒均勻。

8 出鍋前加零卡糖，將清香米醋沿鍋內壁一圈淋入，翻炒均勻。

### 小叮嚀

起鍋前的糖和溜邊醋可依據個人口味加入。

# 外婆菜炒蛋

外婆菜是湖南湘西的特色醃菜，用各種蔬菜醃製而成，味道香辣，是拌飯的開胃小菜。會叫外婆菜，是因為它是農家土菜，非常有家常氣息。越簡單的美食，越能體現出我們對生活的態度。生活不過一日三餐，不需大魚大肉，胃口好，吃啥都香。

○ 10 分鐘　△ 炒
☆ 簡單　　　585 大卡
富含蛋白質　低糖

## 材料

湘西外婆菜 150 克
雞蛋 4 個
青線椒 5 個
雞心椒 5 個
蒜 2 瓣

鮮味露 1 匙
蠔油 1 匙
零卡糖 1 小匙
食用油 30 毫升

## 做法

1　青線椒、雞心椒切圈狀，蒜去皮、切末。

2　蛋打成蛋液。鍋中倒適量油燒熱，倒入蛋液用筷子炒散後盛出。

3　不用換鍋，加入蒜末炒香。

4　加入青線椒和雞心椒翻炒加以斷生。

5　加入外婆菜翻炒。

6　加入炒好的碎蛋。

7　淋入鮮味露、蠔油翻炒均勻。

8　出鍋前加零卡糖提鮮，翻炒均勻即可。

### 小叮嚀

外婆菜本身有鹹味了，可以不用額外加鹽。

015

# 藜麥時蔬烘蛋

- 20 分鐘　煮、烘
- 簡單　435 大卡
- 營養均衡

藜麥是百搭的美食原料，煮熟的藜麥口感富有彈性，帶著一絲穀物的清香，不僅飽腹，還有助腸胃消化。加上小黃瓜、胡蘿蔔、聖女番茄一起搭配，五彩繽紛，隨手一拍就是社群美照！

### 材料

藜麥 30 克　胡蘿蔔 1/2 根　橄欖油 適量
雞蛋 2 個　聖女番茄 5 個
小黃瓜 1/2 根　鹽 2 克

### 做法

1 聖女番茄洗淨、對半切開，小黃瓜洗淨、切片，胡蘿蔔洗淨、去皮、切花片。

2 藜麥洗淨，煮15分鐘後撈出瀝乾水分。

3 雞蛋打入碗中，加鹽，打散成蛋液。

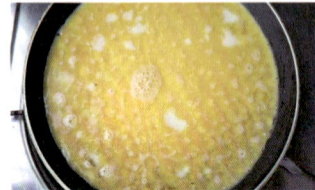

4 平底鍋預熱，刷一層薄薄的橄欖油，倒入蛋液。

5 蛋液未凝固時鋪上蔬菜，撒上煮熟的藜麥，小火烘至蛋液凝固。

6 翻面，繼續用小火烘一下鋪上蔬菜的那一面。

7 烘至聖女番茄表皮起皺即可。

8 出鍋，切分成自己喜歡的形狀擺盤。

### 小叮嚀

藜麥易熟、易消化，口感獨特，帶有淡淡的堅果清香或人參香，具有均衡補充營養、增強機體功能、修復體質、調節免疫力和內分泌、提高機體抗壓能力、預防疾病、減肥等功效。

# 青瓜厚蛋燒

- ⏱ 10 分鐘　△ 煎
- ☆ 簡單　　🌣 461 大卡
- ✓ 低糖｜低鹽

這道小清新款的青瓜厚蛋燒，沒有什麼複雜的食材和工序，只要一口平底鍋和簡單的食材就可以製作完成。

### 材料

| | |
|---|---|
| 雞蛋 3 個 | 小黃瓜 1 根 |
| 牛奶 30 毫升 | 鹽（或零卡糖）適量 |
| 食用油 適量 | |

### 做法

1　將雞蛋打入碗中，依據個人口味在雞蛋中加鹽或零卡糖。

2　加入牛奶之後，打散成均勻的蛋液。

3　小黃瓜洗淨，切薄片備用。

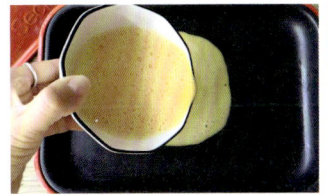

4　平底鍋刷一層薄油預熱，倒入適量蛋液，鋪滿鍋中即可。

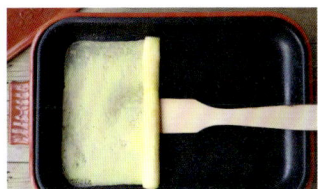

5　待蛋液稍凝固後用矽膠刮刀或木鏟折疊蛋皮，從右端捲起，捲至鍋的另一端。

6　將小黃瓜片擺入鍋中，倒入剩餘蛋液，小火加熱至蛋液表面微微凝固。

7　從左端捲起，再烘一下至蛋液完全凝固。

8　取出後切成小段即可。

### 小叮嚀

全程小火，待蛋液稍凝固，將蛋皮從一端捲起即可，這樣做出的厚蛋燒顏色好看，口感鮮嫩。

017

# 蛋餃燴絲瓜

◷ 20分鐘　△ 煎、炒、燴
☆ 簡單　◎ 1592大卡
✓ 低糖

絲瓜味甘性平，有清熱涼血、潤肌美容、通經絡、行血脈、下乳汁等功效，可以炒也可以做湯。這道蛋餃燴絲瓜味道清淡鮮美，絲瓜和蛋餃燴在一起，營養美味，特別適合注重健康飲食的人食用。

### 材料

絲瓜 1 根
五花肉餡 150 克
雞蛋 3 個
蒜 2 瓣
蔥、薑 少許
十三香粉 2 克
香油 10 克
鹽、雞粉 少許
鮮味露 2 匙
食用油 20 毫升
香油 3 毫升

### 小叮嚀

蛋餃一次可以多做些，做好放涼後用保鮮袋裝起來凍在冰箱裡，煮湯或燴菜，美味又方便。

### 做法

1 蔥、薑切末。

2 在五花肉餡中加入鹽、雞粉、十三香粉、香油、鮮味露、蔥薑末和1個雞蛋。

3 順一個方向攪到產生黏性（筷子能立在肉餡中不倒）。

4 將2個雞蛋打在碗中，打散成均勻的蛋液。

5 蛋餃鍋預熱後刷一層薄油，用湯匙舀入蛋液。

6 小火煎至蛋液表面微微開始凝固時，加入調好的肉餡。

7 將蛋皮疊起後再將兩面微微煎一下，至蛋液全部凝固。

8 絲瓜清洗乾淨、去皮，切成滾刀塊。

9 蒜去皮、切片。鍋中倒適量油燒熱，放入蒜片爆出香味。

10 放入絲瓜塊翻炒至絲瓜變成翠綠色。

11 放入蛋餃翻炒一下，再加入適量的水。

12 加適量鹽和雞粉，燴一會兒，出鍋前淋香油。

# 北非蛋

- ⏱ 15 分鐘　⌂ 炒、煎
- ☆ 簡單　◎ 368 大卡
- ✓ 低飽和脂肪 | 低糖 | 富含維生素 C

北非蛋如今是餐廳的網紅款，做好後直接連同鍋子一起端上桌就可以開動。北非蛋營養豐富，很適合減脂期間吃。

### 材料

| | |
|---|---|
| 番茄 1 個 | 番茄醬 30 克 |
| 雞蛋 1 個 | 鹽 適量 |
| 紅椒 1/2 個 | 咖哩粉 適量 |
| 青椒 1/2 個 | 橄欖油（或茶油）15 毫升 |
| 洋蔥 1/4 個 | 切片長棍麵包 適量 |
| 香菜碎 少許 | |

### 做法

1　青紅椒、番茄、洋蔥洗淨後切小丁。

2　鍋中刷一層油，放入洋蔥丁和番茄丁翻炒至表面微黃。

3　加入番茄醬翻炒均勻。

4　加入青紅椒。

5　加一點咖哩粉和鹽調味，翻炒均勻。

6　用鍋鏟將食材鋪平，用湯匙挖個洞，打入雞蛋。

7　小火煎3分鐘，撒上香菜碎。

8　可以搭配切片長棍麵包上桌。

### 小叮嚀

蔬菜種類可依據個人喜好替換。

# 荷塘小炒

- ⏱ 10 分鐘
- 🍳 汆、炒
- ☆ 簡單
- ◎ 285 大卡
- ✓ 低脂

這道荷塘小炒做起來很簡單，味道很棒，口感清淡又營養，老少皆宜。

## 材料

荷蘭豆 200 克
鮮蝦 10 隻
木耳 10 朵
胡蘿蔔 1/2 根
蓮藕 1/2 根

蒜 2 瓣
鹽 少許
鮮味露 1 匙
食用油 20 毫升

## 做法

1　木耳泡發後洗淨。

2　蝦剝殼、開背，取出蝦線。

3　荷蘭豆洗乾淨、去頭去尾，蓮藕、胡蘿蔔去皮、切薄片，蒜去皮、切末備用。

4　煮一鍋開水，加鹽和幾滴食用油，放入蔬菜汆燙一兩分鐘，撈出瀝水。

5　另取一個鍋子，加適量油，放入蒜末炒香。

6　放入蝦炒至變色。

7　放入汆燙好的蔬菜。

8　加鮮味露、鹽翻炒均勻。

### 小叮嚀

可以依據個人口味斟酌加入太白粉水勾芡。

021

# 木耳炒山藥

木耳的膠質能夠把人體消化系統內的灰塵、雜質吸附起來，排出體外。山藥則是健脾佳品，是減肥和脾胃不好的人群最喜愛的食材。這道木耳炒山藥，做起來很簡單，口感清淡又營養。

### 材料

紫山藥 1 根　　　紅椒 1/2 個
木耳 50 克　　　鮮味露 2 匙
青椒 1/2 個　　　食用油 30 毫升

### 小叮嚀

1. 山藥去皮後汆燙一下水可防止氧化變色，也可防止炒的過程中糊鍋。
2. 大火快炒可使這道菜口感脆爽。

15 分鐘　｜汆、炒
簡單　｜223 大卡
低飽和脂肪 ｜ 低糖 ｜ 富含維生素 C

### 做法

1　青紅椒清洗乾淨後，去籽、切滾刀塊。　2　木耳洗淨、泡發。　3　紫山藥去皮，切滾刀塊。

4　鍋中水燒開，將木耳和山藥下鍋汆燙一下斷生，撈出備用。　5　另取一鍋，加油燒熱，放入青紅椒翻炒，再加入木耳和山藥。　6　加入鮮味露，大火快炒均勻。

# 無油炸山藥

比薯條還好吃的低脂、減肥、解饞小零食,外焦裡糯,簡單零失敗。直接搖搖入味,然後丟進氣炸烤箱的籃子裡,設定好時間和溫度,時間一到,拿出來就可以直接開動啦!就是這麼簡單,廚房小白也能輕鬆搞定。

### 材料

紫山藥 2 根　　　　鹽 少許
燒烤醬 1 匙

### 小叮嚀

① 可以依據自己的喜好加入孜然粉、辣椒粉。
② 依山藥塊大小來調整時間和溫度。

⏱ 30 分鐘　　🍳 氣炸
☆ 簡單　　　　🔥 320 大卡
✓ 低脂

### 做法

1 山藥洗淨、去皮、切滾刀塊。

2 浸泡在鹽水中 10 分鐘,洗淨表面澱粉。

3 將山藥塊瀝乾水分後放入保鮮袋,加鹽和燒烤醬。

4 把山藥塊和調料搖勻,綁緊保鮮袋口放冰箱,醃製 15 分鐘入味。

5 將醃製好的山藥塊鋪放在烤網上面。

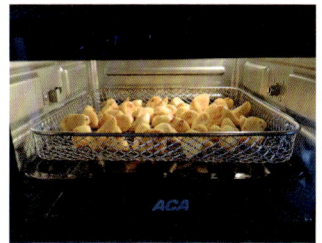

6 將氣炸烤箱溫度設定為 180℃,預熱 5 分鐘,然後炸 15 分鐘。

# 蒸麵條菜

野菜口感軟嫩、味道鮮美，不僅好吃，還有很高的營養價值和食用價值，老少皆宜。野菜的應季性很強，只有短短一兩個月時間，若錯過了，就得等來年。

### 材料

新鮮麵條菜 250 克　　清香米醋 1 匙
蒜 5 瓣　　　　　　　蠔油 1 匙
玉米麵粉 50 克　　　　香油 1 匙
鹽 少許　　　　　　　雞粉 1 克
鮮味露 1 匙

- 30 分鐘　　蒸
- 簡單　　　166 大卡
- 低飽和脂肪　0 膽固醇

## 做法

1　麵條菜放入清水中，加少許鹽浸泡，洗淨後撈出瀝水。

2　蒜去皮，搗成蒜泥。

3　將玉米麵粉倒入麵條菜裡，一層野菜鋪一層玉米麵粉，交替鋪好。

4　搖動容器，直到每根野菜都被玉米麵粉均勻包裹。

5　鍋內添入冷水，打濕一塊蒸籠布鋪在蒸籠內，把裹有麵粉的野菜倒入蒸籠內，大火燒開後繼續蒸 10～15 分鐘。

6　將蒜泥、鮮味露、蠔油、清香米醋、鹽、雞粉和香油攪拌均勻成蘸汁。

### 小叮嚀

① 一層野菜、一層玉米麵粉交替鋪好，翻動均勻，直到每根野菜都被玉米麵粉均勻包裹，這樣蒸好後才更鬆散。
② 蒸野菜不需要關火後再燜幾分鐘，否則野菜就不綠了，會發黃變色。
③ 蒸好的麵條菜不管是直接吃還是蘸醬汁，都特別美味，還可依據個人口味加辣椒油。

# 五福臨門

- ⏱ 20 分鐘　△ 炒、蒸
- ☆ 簡單　⊙ 1064 大卡
- ✓ 低飽和脂肪 | 低膽固醇

一道福氣滿滿的菜，過年過節的餐桌上少不了它，好吃不膩無負擔。

### 材料

| | |
|---|---|
| 油豆皮 2 張 | 豌豆 30 克 |
| 小花菇 10 個 | 胡蘿蔔片 適量 |
| 大蝦 5 隻 | 韭菜 2～3 根 |
| 胡蘿蔔丁 30 克 | 食用油 20 毫升 |
| 甜玉米粒 30 克 | 鮮味露 2 匙 |

### 做法

1　小花菇洗淨、泡發、切條。蝦去頭、去殼，剝出蝦仁後切小丁。

2　韭菜洗淨，燙軟後瀝水。

3　鍋中倒適量油燒熱，放入蝦仁翻炒變色。

4　加入小花菇、甜玉米粒、豌豆和胡蘿蔔丁，淋入鮮味露，炒勻做成餡料。

5　將油豆皮裁成適當大小，放上炒好的餡料。

6　捏折包起來。用燙軟的韭菜綁好開口。

7　將胡蘿蔔片鋪在盤中。

8　將綁好開口的福袋擺在胡蘿蔔上，上鍋隔水蒸5分鐘。

### 小叮嚀

1. 福袋的外皮可以換成蛋皮或是餃子皮。
2. 福袋內的食材可以依據個人喜好隨意搭配。

# 八寶百財福袋

🕐 30分鐘　△氽、蒸
☆ 中等　　🔥 514大卡
🥗 低飽和脂肪

僅僅聽這道菜的名字，就已經充滿了美好的寓意。八寶包含八樣蔬菜，搭配相當講究，不僅考慮到視覺上的感受，營養成分也是相互搭配互補。讓這個白菜做的小福袋把這一年的福都收集起來吧。

## 材料

| | | | | |
|---|---|---|---|---|
| 白菜 6 片 | 豆乾 2 片 | 甜玉米粒 50 克 | 鹽 2 克 | 韭菜 20 克 |
| 香菇 5 朵 | 方火腿 60 克 | 胡蘿蔔 50 克 | 香油 5 克 | 枸杞子 適量 |
| 木耳 10 朵 | 蝦米 30 克 | 青豆 50 克 | | |

## 小叮嚀

白菜葉汆燙，變色燙軟後立即撈出瀝水，不要煮太長時間。

## 做法

1 胡蘿蔔去皮、切成小丁後和青豆、甜玉米粒一起汆燙。

2 香菇泡發後洗淨、切小丁。

3 木耳泡發後洗淨、切小塊。

4 蝦米稍微浸泡一下，洗去浮塵。

5 豆乾切小丁。

6 方火腿切小丁。

7 將以上的食材放進容器中，加鹽、香油拌勻。

8 白菜洗淨，分開菜葉和菜梗。汆燙至變色燙軟後撈出瀝水。

9 關火後將洗淨的韭菜下鍋稍微燙一下，立即撈出瀝水。

10 將白菜葉鋪在手心裡，用湯匙將拌好的餡料放在中間。

11 將菜葉收口起來，用韭菜纏繞後打結。

12 將綁好的福袋放入盤中，把剩餘的餡料均勻擺在盤中，在福袋上再擺一個泡好的枸杞子，上鍋隔水蒸七八分鐘即可。

# 綠野鮮菇

- ⏱ 10 分鐘　🍲 汆、炒
- ☆ 簡單　　🔥 114 大卡
- ✓ 低熱量｜低糖｜富含維生素 C

綠野鮮菇做法簡單、低脂低卡、鮮嫩又美味。葷菜吃膩了，就來一道健康美味的快手小炒吧。

### 材料

| | |
|---|---|
| 綠花椰菜 300 克 | 鮮味露 1 匙 |
| 鴻喜菇 50 克 | 蠔油 1 匙 |
| 雪白菇 50 克 | 食用油 20 毫升 |

### 做法

1. 綠花椰菜掰小朵，和鴻喜菇、雪白菇一起用鹽水浸泡，洗淨。

2. 鍋中加水煮開，放入綠花椰菜和菌菇，汆燙1分鐘，瀝水。

3. 另取一個鍋子，加入油燒熱後放入綠花椰菜和菌菇。

4. 加入鮮味露和蠔油，大火快速翻炒均勻。

### 小叮嚀

綠花椰菜汆燙之後顏色更為豔麗，但要留意汆燙綠花椰菜的時間不宜過長，不然會喪失脆感，成菜口感也會大受影響。

# 響油素鮑魚

杏鮑菇口感鮮嫩、味道清香、營養豐富，具降血脂、降膽固醇、促進胃腸消化、調節機體免疫力、潤腸以及美容等功效，極受人喜愛。這道料理口味鮮美，口感細膩清爽，是餐桌上的顏值擔當。

### 材料

| | | |
|---|---|---|
| 杏鮑菇 1 個 | 雞心椒 1 個 | 米醋 1.5 匙 |
| 小黃瓜 1 根 | 食用油 30 毫升 | 零卡糖 適量 |
| 洋蔥 1/4 個 | 生抽 1 匙 | |
| 香菜 1 根 | 蠔油 2 匙 | |

⏱ 20 分鐘　　△ 汆
☆ 簡單　　◎ 293 大卡
✓ 低飽和脂肪

### 做法

1　香菜切段，洋蔥切條，雞心椒切圈備用。

2　小黃瓜洗淨，用刮皮刀刮片。將小黃瓜片從一頭捲起。

3　將捲好的小黃瓜捲擺入盤中。

4　杏鮑菇洗淨，斜刀切 0.5 公分厚的片狀，汆燙熟，瀝乾。

5　將杏鮑菇擺在小黃瓜捲中間。

6　將生抽、蠔油、米醋和零卡糖放入碗中，攪拌均勻調成醬汁，淋在杏鮑菇上。撒幾個雞心椒。

7　另起鍋燒油，放入香菜和洋蔥，中小火炸出香味，洋蔥表面微焦。

8　將熱油淋在杏鮑菇上，將香味激發出來。

### 小叮嚀

雞心椒可以依據個人口味添加，醬汁可依據個人口味調整用量。

## 香煎巴西蘑菇

- 20 分鐘
- 煎
- 簡單
- 349 大卡
- 低飽和脂肪 | 富含維生素 $B_2$ | 富含鐵

最美味的食材只需要最簡單的烹飪，把切片的巴西蘑菇煎至兩面金黃，帶著本真的香氣，鮮嫩無比。那誘人的香味足以讓你感受到巴西蘑菇的極致鮮美。

### 材料

新鮮巴西蘑菇 300 克
青蔥 2 根
椒鹽 適量
茶油 30 毫升

### 做法

1 青蔥蔥綠一部分切段，另一部分切圈狀備用。

2 將巴西蘑菇根部像削鉛筆那樣削好，過清水沖洗乾淨。

3 將巴西蘑菇切成厚一點的片狀。

4 平底鍋中倒入茶油，將蔥段下鍋，中小火煎蔥油。

5 將煎至焦褐色的蔥葉揀出，蔥油備用。

6 將巴西蘑菇片下鍋，小火煎。

7 煎到兩面金黃。煎的時候巴西蘑菇會有汁水流出，特別鮮美。

8 出鍋裝盤，撒上適量椒鹽和青蔥圈。

### 小叮嚀

1. 巴西蘑菇切勿浸泡，會使其香氣流失。
2. 巴西蘑菇頂部的傘沒有打開的為品質較好的。
3. 巴西蘑菇片要稍微切厚一點，這樣才能煎出外表焦香、內部軟嫩的口感。

# 素佛跳牆

- ⏱ 20 分鐘  △ 煎、煮
- ☆ 簡單  ◎ 165 大卡
- ✓ 低脂｜低糖

這道素佛跳牆由名菜佛跳牆演變而來，用素食材料烹調的佛跳牆香味濃郁、營養豐富。

### 材料

可食用的菌菇（小花菇、巴西蘑菇、杏鮑菇、香菇、鴻喜菇、雪白菇等）適量

青蔥蔥花 適量
鮮味露 1 匙
枸杞子 7 粒
食用油 適量

### 做法

1. 小花菇、巴西蘑菇洗淨後，泡發。泡發菌菇的水過濾後備用。
2. 杏鮑菇洗淨，切成厚片、打花刀。香菇洗淨，打花刀。 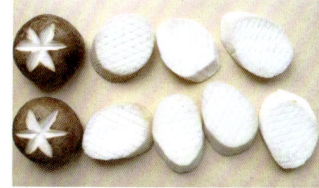
3. 鍋中倒油燒熱，杏鮑菇入鍋，小火煎至表面金黃後翻面煎。 
4. 將泡發菌菇的水過濾後倒入鍋子中。 
5. 大火煮開後放入小花菇、巴西蘑菇、洗淨的鴻喜菇和雪白菇煮 1 分鐘。 
6. 轉入砂鍋中，再將洗淨的香菇入鍋，加入枸杞子，大火煮滾後轉中火煮 5 分鐘。 
7. 加入鮮味露再煮兩三分鐘。 
8. 盛出後撒上蔥花即可。 

### 小叮嚀

泡發各種菌類的水過濾後留用，原汁的味道更鮮美。

# 蔥油芋頭

- 🕐 30 分鐘　△ 蒸
- ☆ 簡單　◎ 433 大卡
- ✓ 低飽和脂肪

芋頭富含膳食纖維以及多種微量元素，可以預防便祕、調養脾胃。這道菜的口感細軟、綿甜香糯，特別適合老人吃。

### 材料

| | |
|---|---|
| 芋頭 300 克 | 雞心椒 1 個 |
| 青蔥 2 根 | 鮮味露 2 匙 |
| 薑 1 片 | 香油 1 匙 |
| 蒜 2 瓣 | 食用油 2 匙 |

### 做法

1. 芋頭洗淨、去皮、切滾刀塊，隔水蒸15～20分鐘，用筷子輕鬆插透即可。
2. 青蔥綠一部分切段，另一部分切丁。薑切絲，蒜切末，雞心椒切圈。 
3. 將薑、蒜、雞心椒放入碗中，加入鮮味露、香油，攪拌均勻成醬汁。 
4. 將醬汁淋在蒸好的芋頭上。 
5. 鍋中倒油，燒至五成熱，放入青蔥段。 
6. 小火煎至蔥綠變成焦黃色，揀出蔥，蔥油備用。 
7. 將蔥油趁熱淋在芋頭上。 
8. 撒上青蔥綠。 

### 小叮嚀

蒸芋頭可依據自己需要的口感增減時間。

# 蝦皮蘿蔔絲

- ⏱ 10 分鐘　🍳 炒
- ☆ 簡單　🔥 264 大卡
- ✓ 低飽和脂肪｜低膽固醇

一道很簡單的菜，味道卻不一般。蘿蔔有「小人參」之稱，蝦皮是天然的補鈣劑，蘿蔔配蝦皮，鮮美可口，令食欲大增。快點試試吧！

### 材料

| | |
|---|---|
| 青蘿蔔 1 根 | 大蒜苗 1 段 |
| 蝦皮 1 小把 | 純釀醬油 2 匙 |
| 乾辣椒 5 個 | 食用油 適量 |

### 做法

1. 青蘿蔔洗淨，切成細絲。
2. 大蒜苗切成蔥花，乾辣椒切成小段。 
3. 鍋中倒油燒熱，放入蝦皮小火翻炒至金黃色後盛出。 
4. 鍋中留適量底油，下蔥花和乾辣椒爆出香味。 
5. 將蘿蔔絲入鍋翻炒到變色。 
6. 加入炒過的蝦皮。 
7. 再淋入純釀醬油。 
8. 翻炒均勻即可。 

### 小叮嚀

1. 蝦皮用油稍微炒一下味道更鮮美。
2. 蝦皮既可以補鈣又可以提鮮，因為本身帶有鹽分，所以可以少放醬油或鹽。

# 百頁豆腐青菜粉絲煲

🕐 20 分鐘　△ 煮
☆ 簡單　　　◎ 1134 大卡
✓ 營養均衡

百頁豆腐，一般我們在涮火鍋時經常吃到，乾鍋的做法也非常好吃。這次用它搭配肉餡、青菜和粉絲，有菜、有肉、有湯。口味清淡不油膩，營養豐富又美味的百頁豆腐青菜粉絲煲好吃到讓你停不下來。

## 材料

| | | | |
|---|---|---|---|
| 百頁豆腐 300 克 | 粉絲 1/2 把 | 青蔥末 5 克 | 濃縮鮮雞汁 2 匙 | 蔥花少許 |
| 雞心椒 2 克 | 五花肉餡 150 克 | 鮮味露 2 匙 | 十三香粉 2 匙 | |
| 青菜 100 克 | 雞蛋 1 個 | 薑汁 1 小匙 | 鹽 2 克 | |

## 做法

1 在五花肉餡中加入十三香粉、鹽、鮮味露、青蔥末、薑汁、1匙鮮雞汁，再打入雞蛋。

2 用筷子順著一個方向攪拌出黏性（筷子能立在肉餡中不倒）。

3 粉絲泡軟備用。

4 百頁豆腐切成適口的厚片，從中間剖開，不要切斷，在中間夾上調好的肉餡。

5 青菜洗淨後放入砂鍋中墊底，將粉絲鋪在青菜上。

6 在粉絲上均勻的擺放上百頁豆腐肉夾。

7 碗中加入適量的熱水，加入1匙的鮮雞汁，攪勻成高湯，淋入砂鍋當中。

8 大火煮開後加蓋，中小火燜10分鐘，起鍋後撒雞心椒和蔥花。

### 小叮嚀

① 打入一個雞蛋，能使肉餡更嫩滑。

② 時間充裕的話可以自己用豬骨和雞骨熬高湯，味道非常鮮美。

# 香椿豆腐餅

⏱ 20分鐘　△ 煮、煎
☆ 中等　◎ 912大卡
✓ 0膽固醇

香椿做菜濃香鮮美，還富含鉀、鈣、鎂，維生素B群的含量在蔬菜中也名列前茅，是天然綠色保健食品。香椿上市的時間很短，喜歡的要抓緊嘍。

## 材料

香椿芽 1 小把（約 150 克）
板豆腐 1 塊（約 200 克）
太白粉 20 克
鹽、雞粉 適量
鮮味露 1 匙
食用油 30 毫升

## 小叮嚀

豆腐餅一面煎至金黃挺實了再翻面煎。不要經常翻面，否則豆腐餅容易散開。

## 做法

1 香椿芽過水洗去浮塵。

2 把香椿芽放入沸水中，加蓋燜2分鐘。

3 把香椿芽擰乾水，切成碎末。

4 把板豆腐放入微滾的水中煮2分鐘，去除豆腐的生豆味，撈出瀝乾水分。

5 把豆腐切成2塊，加適量鹽，分別放進兩個容器中捏碎。

6 在其中一份捏碎的豆腐中加入香椿碎、適量鹽、雞粉和鮮味露，抓拌均勻。

7 在另一份捏碎的豆腐中加入太白粉，抓拌均勻。

8 取適量加了太白粉的豆腐碎，壓成圓餅狀。

9 在豆腐餅上面鋪上適量豆腐香椿餡料。

10 在上面再蓋上一塊加太白粉的豆腐碎，把餡料完全包覆起來，壓成餅狀。

11 鍋中倒適量油燒熱，放入豆腐餅，煎至一面金黃挺實後翻面。

12 中小火煎至兩面金黃。

# 上湯娃娃菜

- 15 分鐘　煮、炒
- 簡單　408 大卡
- 低飽和脂肪 | 低糖

娃娃菜味道甘甜，富含維生素和硒，葉綠素含量也非常高，而且熱量低，燉煮之後容易消化，能促進腸壁蠕動。

## 材料

娃娃菜 1 棵　　蔥花 適量
胡蘿蔔 1/2 根　雞湯 1 碗
皮蛋 1 個　　　鹽 適量
火腿 3 片　　　食用油 少許
蝦米 20 克

## 做法

1 娃娃菜洗淨，對半切開。

2 皮蛋去殼、切小塊，胡蘿蔔、火腿切菱形片。

3 娃娃菜入開水氽燙熟，撈出鋪在砂鍋中。

4 另取一鍋，加少許食用油，放入一半蔥花和蝦米炒香。

5 再加入胡蘿蔔、火腿和皮蛋，翻炒均勻。

6 加入雞湯。

7 煮開後加鹽調味。

8 把煮好的雞湯和配菜淋在娃娃菜上，撒蔥花上桌。

## 小叮嚀

自己用一整隻雞煲的雞湯，經過熬煮，香濃味鮮，雞肉吃起來特別軟爛入味，大口喝湯、大口吃肉，真過癮。

輕肉食

# 川味椒麻雞

這道菜簡單又味美，蔥汁混合著花椒的香味，在相互融合的過程中形成了獨特的味道，將雞肉的天然鮮嫩完全襯托出來。

## 材料

| | |
|---|---|
| 雞腿 2 隻 | 洋蔥 1/4 個 |
| 蔥白 2 段 | 青花椒 20～30 粒 |
| 薑 3 片 | 藤椒醬 2 匙 |
| 八角 1 個 | 白芝麻 少許 |
| 桂皮 1 塊 | 鮮味露 2 匙 |
| 月桂葉 2 片 | 清香米醋 1 匙 |
| 雞心椒 2 個 | 食用油 適量 |
| 青辣椒 3 個 | |

⏱ 15 分鐘　煮・拌
☆ 簡單　542 大卡
✓ 低飽和脂肪｜低糖｜富含維生素 C

## 做法

1. 雞心椒和青辣椒洗淨、切圈，洋蔥切絲。
2. 將雞腿洗淨，冷水下鍋，加薑片、蔥白、八角、桂皮、月桂葉。 
3. 將煮熟的雞腿撈出後放入冰水中過涼。 
4. 煮雞腿的湯濾去調料備用。 
5. 將辣椒圈、洋蔥絲放入碗中，加藤椒醬和白芝麻。 
6. 再加入鮮味露、清香米醋，放入青花椒，淋上一匙熱油激發出香味。 
7. 雞腿擦乾表面水分，剔骨後撕成條，放入醬汁中。 
8. 加適量雞湯拌勻，浸泡5～10分鐘入味。 

### 小叮嚀

1. 有減脂需求的朋友可以去掉雞皮，或者用雞胸肉代替雞腿肉。
2. 可以放冰箱冷藏冰鎮一下再食用。

# 酸辣檸檬雞爪

- 15 分鐘　　煮、拌
- 簡單　　1645 大卡
- 低飽和脂肪｜富含維生素 C

酸辣開胃的檸檬雞爪，這一刻有它可以解饞，實在太滿足了。

## 材料

| | |
|---|---|
| 雞爪 500 克 | 雞心椒 5 個 |
| 檸檬 1/2 個 | 蒜 3 瓣 |
| 蔥白 1 段 | 米酒 3 匙 |
| 薑 1 塊 | 泰式酸辣汁 200 毫升 |
| 香菜 1 根 | 鹽 少許 |

## 做法

1 雞爪洗淨，放入容器中，加2匙米酒浸泡20分鐘。

2 蔥白切小段、薑切片。

3 香菜切段、雞心椒切圈、蒜切片、檸檬切片去籽（否則會苦）。

4 將泡好的雞爪洗淨，冷水下鍋，加入蔥、薑、1匙米酒和少許鹽。

5 大火煮開後撈除浮沫，加蓋小火燜煮20分鐘。

6 將煮好的雞爪撈出洗淨，放入冰水中過涼，使雞爪表面迅速緊縮，口感更爽脆。

7 雞爪取出後去指甲，從關節處劃開，分成三段。

8 把雞爪放入容器中，加入香菜段、雞心椒圈、蒜片、檸檬片和泰式酸辣汁，拌勻醃製入味。

### 小叮嚀

❶ 沒有先剪雞爪指甲，是因為剪完之後再煮，雞爪會縮水更嚴重。

❷ 在煮製過程中加鹽，雞爪煮出來口感更加有彈性。

❸ 檸檬既可去除雞爪的腥味，又能增添特殊的香味。

# 彩椒雞肉串

- 45 分鐘　　△ 烤
- ☆ 簡單　　○ 259 大卡
- ✓ 低飽和脂肪 | 富含維生素 C

宵夜吃烤串怕長肉，來看看好吃又不胖的彩椒雞肉串。在家邊吃烤串邊追劇，真是太美啦！

## 材料

| | |
|---|---|
| 雞胸肉 1 塊 | 蜂蜜 1 匙 |
| 青椒 1/2 個 | 白芝麻 適量 |
| 紅椒 1/2 個 | 韓式辣醬 2 匙 |
| 洋蔥 1/2 個 | 甜麵醬 1 匙 |

## 做法

1. 雞胸肉洗淨，剔除筋膜，切成 2 公分見方的塊。
2. 在雞胸肉中加入韓式辣醬和甜麵醬，抓拌均勻，醃製 1 小時入味。 
3. 青紅椒和洋蔥切成和雞胸肉一樣大小的方塊。 
4. 把醃好的雞胸肉、青紅椒、洋蔥串起來。 
5. 放入烤箱，210℃烤 30 分鐘。 
6. 烤好的彩椒雞肉串裝盤，刷蜂蜜，撒白芝麻。 

### 小叮嚀

1. 烘烤的具體時間要依據自家烤箱性能設定。
2. 可依據個人口味加點辣椒粉和孜然粉。

# 無油檸檬乾鍋烤翅

說起乾鍋，大家就會認為是重口味菜，高油高脂。少油少鹽、葷素搭配才是健康飲食的首選。這道檸檬乾鍋烤翅不用油，口味鹹鮮、焦香酥嫩、麻辣適口，很過癮的一道美味。

## 材料

雞中翅 5～8 個
蒜 2 瓣
蔥 1 段
薑 2 片
檸檬 1/2 個
香菜末或巴西里碎 適量
麻辣香鍋料 2 匙

⏱ 45 分鐘　⌂ 烤
☆ 簡單　⊙ 686 大卡
✓ 富含蛋白質

## 做法

1. 蔥、薑切絲，蒜切片備用。
2. 雞翅用冷水浸泡後洗淨，用牙籤在兩面戳一些小孔，方便入味。 
3. 將蔥薑絲、蒜片均勻鋪在雞翅上，擠檸檬汁去腥提味。 
4. 加入麻辣香鍋料。 
5. 抓拌均勻，醃製一兩小時入味（蓋上保鮮膜放冰箱冷藏過夜，更加入味）。 
6. 將醃製好的雞翅取出，均勻擺放在鋪好鋁箔紙的烤盤上，切幾片檸檬蓋在上面。 
7. 烤箱 210℃ 預熱 10 分鐘，放入雞翅烤 25 分鐘。 
8. 出爐後依據個人口味撒香菜末或巴西里碎。 

### 小叮嚀

❶ 翅膀用冷水浸泡，血水被泡出，做好的成品味道更好。
❷ 用牙籤在雞翅上多戳一些小孔，這樣入味更充分，還更容易熟，比劃花刀處理的雞翅要更鮮嫩多汁。
❸ 具體的烤箱溫度和時間要依據自家烤箱的性能設定。

# 黑椒雞肉玉米脆皮腸

🕐 45 分鐘　△ 煮
☆ 中等　◎ 1743 大卡
✓ 富含蛋白質 | 低脂 | 低糖

自製雞肉腸高蛋白、低熱量，是日常的輕食好伴侶，多吃幾根也不怕胖。多做一些放在冰箱冷凍，隨吃隨取，很是方便。

## 材料

雞胸肉 1500 克　　甜玉米粒 100 克　　蔥 1 段　　蛋白 2 個
腸衣 1 包　　　　　薑 3 片　　　　　　黑胡椒醬 60 克　　鹽 適量

## 做法

1　雞胸肉洗淨，剔除多餘脂肪和筋膜後切成小塊。

2　蔥、薑切絲，泡水（60毫升），揉搓出蔥薑汁備用。

3　將雞胸肉用料理機打成泥，加入泡好的蔥薑水。

4　加入蛋白和黑胡椒醬，順一個方向攪拌均勻。

5　再依據個人口味加入適量鹽和甜玉米粒，繼續順一個方向攪拌出黏性。

6　將調拌好的雞肉泥填入灌腸器中，在腸衣不撐破的情況下把肉灌至八分滿，灌得儘量緊實一些。

7　用棉線每隔15公分左右綁一下，用牙籤或針在表面戳上密集的小孔。

8　將灌好的雞肉腸冷水下鍋，小火在水微沸的狀態下煮半小時。

9　將煮好的雞肉腸取出，表面洗淨，瀝乾水分晾乾，一節節剪開裝保鮮袋，冷凍儲存。

### 小叮嚀

❶ 吃的時候將雞肉腸上鍋蒸一下，或用氣炸鍋、烤箱、平底鍋加熱一下即可。
❷ 可搭配各種蔬菜、雞蛋、蝦等食用。

# 免油炸韓式雞柳

雞柳是很受年輕朋友喜歡的小吃,其實製作起來並不複雜,自己在家製作很簡單,而且比外面購買的更衛生,最主要的是免油炸,吃起來更健康、無負擔。

## 材料

雞胸肉 1 塊
麵包粉 適量
蒜末 適量
蜂蜜 10 克
海鹽黑胡椒 1 克

蠔油 1 匙
韓式辣醬 20 克
雪碧 適量
熟白芝麻 少許

- 45 分鐘
- 烤
- 簡單
- 282 大卡
- 富含蛋白質 | 低飽和脂肪

## 做法

1 雞胸肉洗淨,剔除多餘筋膜和油脂,切成條。

2 將雞柳放入容器中,加入海鹽黑胡椒和蒜末。

3 再加入蠔油抓拌均勻,醃製30分鐘入味。

4 將醃製好的雞柳均勻裹一層麵包粉。

5 將雞柳分散一些放在鋪了鋁箔紙的烤架(烤盤)中。

6 放入烤箱,210℃烤15分鐘,中間翻一次面。

7 將韓式辣醬、蜂蜜、雪碧、熟白芝麻攪拌均勻成蘸醬。

8 烤好的雞柳裝盤,趁熱蘸著醬料吃。

### 小叮嚀

蘸料材料可以依據個人口味調整。

# 香腸苦瓜蒸排骨

苦瓜吸附了排骨的油脂,蒸得軟軟的卻也不爛。排骨肉質滑嫩,湯汁鮮美,淋飯也好吃。這真是一道有營養又超好上手的清爽下飯菜。

## 材料

| | |
|---|---|
| 豬小排 300 克 | 鮮味露 2 匙 |
| 香腸 1 根 | 蠔油 1 匙 |
| 苦瓜 1 根 | 鹽、零卡糖 適量 |
| 薑 2 片 | 米酒 1 匙 |
| 蒜 2 瓣 | 白胡椒粉 少許 |
| 豆豉 1 匙 | 太白粉 1 匙 |
| 米酒 1 匙 | 食用油 適量 |

⏱ 45 分鐘　　🍳 汆、炒、蒸
⭐ 簡單　　🔥 1014 大卡
🥗 營養均衡

## 做法

1. 豬小排洗淨後放入清水中,加入米酒浸泡20～30分鐘。

2. 香腸切片,薑、蒜切末備用。

3. 苦瓜洗淨,對半切開,去瓤,斜刀切小塊。

4. 擦乾豬小排表面的水分,加入鹽、零卡糖、白胡椒粉、鮮味露、蠔油、米酒、太白粉抓拌均勻,醃製15分鐘入味。

5. 鍋中燒開水,放入苦瓜,加鹽和幾滴食用油,汆燙30秒。

6. 鍋中加油燒至六成熱,放入薑蒜末炒香,再放入豆豉炒香。

7. 將炒好的豆豉放進排骨當中拌勻,醃製半小時。

8. 將醃製好的小排、苦瓜、香腸依次擺放入盤中,水滾後轉中小火蒸30分鐘。

### 小叮嚀

蒸排骨的時間可以依據排骨的大小和個人喜歡的軟硬度來做調整。

047

# 娃娃菜捲肉

爽口好吃的娃娃菜捲肉,清淡鮮美又不油膩,葷素搭配,營養又健康。

## 材料

娃娃菜 2 棵
豬肉餡 200 克
青蔥 1 根
薑 1 片
雞蛋 1 個
枸杞子 7 粒

鮮味露 1 匙
蠔油 1 匙
鹽 適量
香油 1 匙
十三香粉 2 克
食用油 適量

20 分鐘
簡單
低糖
煮、蒸
1080 大卡

## 做法

1 枸杞子洗淨、泡發備用。

2 青蔥、薑切末。

3 在豬肉餡中加入蔥薑末、雞蛋、鹽、十三香粉、蠔油和鮮味露。

4 用筷子順著一個方向攪拌出黏性,加香油攪拌均勻。

5 娃娃菜剖開、洗淨,切下菜梗,將菜梗切碎後放入肉餡中。

6 水鍋中加幾滴食用油,煮滾後放入菜葉燙軟,鋪在砧板上,放適量肉餡。

7 包好後捲起來,放入盤中,擺上枸杞子,上鍋隔水蒸10分鐘。

8 取出後撒上少許蔥綠,淋一匙熱油。

### 小叮嚀

菜葉汆燙時間不宜太長,燙軟即可。

# 醃篤鮮

醃篤鮮突出一個「鮮」字，用新鮮出土的冬筍配上冬日裡醃製的鹹豬肉，季節的交替，食材的碰撞，鹹鮮的結合，烹煮出一鍋「鮮美無比」的味道。

## 材料

鹹豬肉 150 克
排骨 150 克
冬筍 200 克
薑 3 片
青蔥 2 根
木耳 10 克
豆結 7 個
鹽 適量
食用油 15 毫升
米酒 少許

🕐 30 分鐘　　汆、炒、煮
☆ 簡單　　◎ 842 大卡
✓ 富含蛋白質 ｜ 低飽和脂肪 ｜ 低糖

## 做法

1　排骨加1片薑和米酒，冷水下鍋，大火煮開汆燙，洗淨備用。

2　鹹豬肉切片，木耳泡發，冬筍剝出筍肉，汆燙後斜刀切段，青蔥白切段，蔥綠切碎。

3　鍋中倒油燒熱，放入鹹豬肉、蔥白段、薑片翻炒出香味。

4　放入排骨、冬筍、木耳翻炒均勻，加入適量水，大火煮開。

5　轉入砂鍋中，加入豆結，加蓋繼續燉煮15～20分鐘，依據個人口味加鹽調味。

6　上桌前撒上青蔥綠即可。

### 小叮嚀

❶ 鹹豬肉油脂比較多，先把鹹豬肉煸香再燉，湯的味道更濃郁。

❷ 燉湯一般用砂鍋或密閉性好的鑄鐵鍋，這樣水分不易流失，原汁原味都鎖在鍋裡。如果要把湯頭煮白，既要保持湯沸騰翻滾，火又不能太大。

049

# 彩椒牛肉串

- 20 分鐘
- 煎
- 簡單
- 280 大卡
- 富含蛋白質 | 低糖

顏色豐富的彩椒搭配營養豐富的牛肉，色香味俱全。給自己放鬆一下心情，做上美美的一餐吧！

## 材料

原切牛排 150 克
青椒 1/2 個
紅椒 1/2 個
黃椒 1/2 個
洋蔥 1/3 個
橄欖油 20 毫升
牛排醬 30 克

## 做法

1. 牛排在微解凍的狀態下用切凍肉的鋸齒刀切小塊，加入牛排醬和橄欖油，抓拌均勻。

2. 前半小時每十分鐘抓拌一次，給牛肉做按摩。然後蓋保鮮膜，放進冰箱冷藏一晚入味。

3. 彩椒、洋蔥洗淨切片。將洋蔥、彩椒和牛肉塊穿串。

4. 牛排鍋或平底鍋預熱，放入肉串，大火煎，每個面都要煎到，封住肉裡的汁水。

5. 煎至肉表面變色後再依據個人口味刷一層牛排醬。

6. 繼續煎至牛肉七八成熟即可。

## 小叮嚀

煎牛肉時每個面都要煎到，封住肉裡面的汁水，這樣能使煎出來的肉串口感嫩滑多汁。

# 金針肥牛

酸辣爽口的湯汁，配著嫩滑的肥牛和爽脆的金針菇，每吃一口，味道都是那麼的富有層次感。

## 材料

肥牛肉捲片 250 克
金針菇 200 克
香菜 1 根
蒜 3 瓣
腐乳 1/2 塊
芝麻醬 30 克
青蔥 1 根
雞心椒 2 個
鮮味露 3 匙
清香米醋 2 匙
白芝麻 少許

⏱ 10 分鐘　☁ 汆、拌
☆ 簡單　◎ 596 大卡
✓ 低脂

## 做法

1　蒜去皮、切蒜末，加入腐乳、芝麻醬、鮮味露和清香米醋，攪拌成醬汁。

2　將香菜、雞心椒、青蔥切丁之後備用。

3　金針菇放入滾水中燙30秒，關火後撈出，鋪在盤中。

4　另取一鍋，水煮到微微滾時下肥牛肉捲片。

5　水再次煮滾之後將肥牛肉捲片撈出。

6　肥牛肉捲片瀝乾後擺放在金針菇上。

7　將醬汁淋在肥牛肉捲片上。

8　撒上白芝麻、雞心椒、青蔥和香菜提香，可依據個人口味添加辣椒油。

### 小叮嚀

金針菇性寒，味甘、鹹，具有補肝、益腸胃的功效。肥牛既美味又營養豐富，提供了豐富的蛋白質、鐵、鋅、鈣和維生素B群。

# 黃燜牛肉

- 🕐 70 分鐘
- △ 汆、炒、燜
- ☆ 簡單
- ◎ 944 大卡
- ✓ 富含蛋白質 ｜ 低糖

黃燜牛肉燜得軟爛入味才是好吃的關鍵，細細品味，越嚼越香，醇美鹹鮮，嫩而不韌。營養又美味，大口吃肉才過癮。

## 材料

牛肋條塊 500 克　　薑 1 塊　　　　花椒 20 粒　　　米酒 1 匙　　　蠔油 1 匙
香菇 10 朵　　　　蒜 1 球　　　　乾辣椒 4 個　　生抽 2 匙　　　紅燒醬油 1 匙
大蒜苗 1/2 根　　　八角 3 枚　　　黃醬 1 匙　　　零卡糖 5 克　　太白粉水 少許

## 做法

1. 香菇泡發後洗淨，片成片狀。

2. 大蒜苗斜刀切段，蒜去皮，薑切片。

3. 牛肉冷水下鍋汆燙，加入米酒去腥、去膻。

4. 水煮滾後撈除浮沫。再汆燙3分鐘左右撈出，把牛肉表面浮沫沖洗乾淨。

5. 另起鍋，加入適量油燒熱，放入八角、花椒、蔥、薑、蒜炒香，再加入黃醬，小火爆香。

6. 放入牛肉和泡發的香菇片翻炒均勻。

7. 放入生抽、蠔油翻炒均勻後再加入紅燒醬油調色。

8. 加入足量開水、零卡糖、乾辣椒，大火煮開後轉小火，加蓋燜45～60分鐘，依個人口味加鹽。

9. 待湯汁收濃後加入太白粉水勾芡，可撒少許青蔥圈裝飾。

### 小叮嚀

1. 做黃燜菜時薑的用量要多一些。
2. 乾辣椒可以起到去膻的作用，同時可以提味。
3. 燜菜跟燒菜有所不同，芡汁不宜太稠。
4. 如果用正常的鍋來燒、燉、燜、熬，尤其是肉菜，要一次把水量加足，中途一定不能再加，否則口感、口味等就會受到影響。

# 番茄燉牛腩

- ⏱ 70 分鐘
- 🍳 汆、炒、燉
- ☆ 簡單
- 🔥 1817 大卡
- ✓ 低糖 | 富含蛋白質

番茄的酸甜加上牛腩的鮮美，這兩種食材搭配在一起，在寒冷的季節就是對胃的一種犒勞。

## 材料

| | | |
|---|---|---|
| 牛腩 500 克 | 蔥花 少許 | 冰糖老抽 1 匙 |
| 番茄 2～3 個 | 胡蘿蔔 1/2 根 | 米酒 1 匙 |
| 蔥白 1 段 | 香菜碎 少許 | 鹽 適量 |
| 薑 3 片 | 鮮味露 2 匙 | 食用油 適量 |

## 做法

1 番茄、胡蘿蔔去皮之後，切滾刀塊。

2 鍋中加入蔥白段、薑片以及米酒，冷水放入洗淨的牛腩。

3 大火煮滾，撈除浮沫，撈出汆燙熟的牛腩，剩下的湯過濾備用。

4 另取一鍋，加入適量油燒熱後放入蔥花爆香。放入牛腩翻炒。

5 加鮮味露和冰糖老抽，翻炒均勻上色。

6 放入一半番茄，炒出汁。加入熱的煮牛肉原湯。

7 加蓋，中小火燉40分鐘後加入胡蘿蔔塊，再燉15分鐘。最後加入剩餘番茄和適量的鹽。

8 再燉煮3～5分鐘，使牛肉充分吸收的番茄的味道。出鍋後撒上香菜碎。

## 小叮嚀

牛肉當中含有豐富的蛋白質和胺基酸，具補中益氣、滋養脾胃、強健筋骨的功效。番茄能健胃助消化、生津止渴，番茄當中的番茄紅素具強抗氧化作用，有利於美容護膚。

# 繽紛果蔬香煎魚排

三月不減肥，四月徒傷悲。一道簡單又快手的繽紛果蔬香煎魚排，低脂低卡，很適合健身人士吃，助你瘦回小蠻腰。

## 材料

| | |
|---|---|
| 鹽漬魚排 1 塊 | 藍莓 10 顆 |
| 芒果 1 個 | 苦苣 1 小把 |
| 小黃瓜 1 根 | 椰子粉 少許 |
| 檸檬 1 個 | 食用油 適量 |
| 草莓 3～4 個 | |

⏱ 15 分鐘　煎
☆ 簡單　　　大卡
✓ 低飽和脂肪 | 0 膽固醇

## 做法

1　將果蔬洗淨，瀝乾水分。

2　芒果去皮、去核，切成薄片。

3　小黃瓜刮成薄片。

4　苦苣鋪在盤中墊底。

5　將切好的芒果片捲成芒果花，檸檬切片擺在苦苣上。

6　小黃瓜片捲成捲，草莓對半切開，和藍莓一起隨意擺放，再撒上一點椰子粉。

7　鍋中油燒熱，放入鹽漬魚排，用中小火煎。

8　一面煎好後輕輕翻面，煎至兩面金黃後裝盤。

## 小叮嚀

❶ 魚排肉質白細鮮嫩、清口不膩，高蛋白低脂肪，搭配新鮮果蔬營養又健康。

❷ 為了最大限度保持食材的原味，魚排只用鹽巴稍加醃漬即可。減少油脂的攝入，更加營養健康。

# 香煎比目魚配山核桃芒果莎莎

分享給大家這道水果入菜的美食，清新可口，味道略酸，營養豐富，顏值高，看一眼就讓人胃口大開。

- 15 分鐘
- 簡單
- 煎、拌
- 159 大卡
- 低脂　0 膽固醇　低熱量

### 材料

| | | |
|---|---|---|
| 比目魚 1 片 | 洋蔥 1/2 個 | 橄欖油 適量 |
| 山核桃 20 顆 | 香菜 1 根 | 蜂蜜 5 克 |
| 芒果 1/2 個 | 胡蘿蔔 50 克 | 苦苣 適量 |
| 番茄 1 個 | 檸檬 1/2 個 | 番茄片 適量 |

### 做法

1. 比目魚表面用廚房紙吸乾，薄塗一層橄欖油。
2. 胡蘿蔔、洋蔥、番茄洗淨，切小丁。香菜洗淨，切小段。 
3. 芒果洗淨，對半切開，劃上格子，用湯匙挖出果肉。 
4. 煎鍋薄刷一層橄欖油，將比目魚下鍋，兩面微煎。 
5. 將胡蘿蔔、洋蔥、番茄和芒果裝進碗中，擠適量檸檬汁，依據個人口味添加蜂蜜。 
6. 加入香菜拌勻，撒上山核桃。 
7. 將煎好的比目魚擺入盤中。 
8. 上面鋪上拌好的果蔬，加入苦苣和番茄片裝飾。 

### 小叮嚀

1. 比目魚屬於深海魚，口味鮮美、口感爽滑、營養豐富。蛋白質含量超高、脂肪含量超低，想要保持身材的朋友可以放心吃，毫無負擔。
2. 山核桃具有抗氧化和延緩細胞衰老的作用，有益於保持青春健美，還能緩解便祕。

# 清蒸大黃魚

這道健康的蒸菜最大程度保留了魚肉的鮮美，而且操作起來非常簡單快手。黃魚含有豐富的硒，能清除人體代謝產生的自由基，延緩衰老。

⏱ 25分鐘　🍲 蒸
☆ 簡單　　292大卡
✓ 低糖

## 材料

大黃魚 1 條
蔥 1 根
薑 1 塊
雞心椒 1 個
米酒 1 匙
蒸魚醬油 2 匙
食用油 適量

## 做法

1　將大黃魚刮除魚鱗、去鰓、去內臟，清理乾淨。魚兩面切花刀。

2　蔥白、薑、蔥綠切細絲，雞心椒切圈狀備用。

3　將一半蔥白和薑絲鋪放在盤子當中。

4　把魚放進盤子，將另一半蔥白和薑絲鋪在魚上，淋上米酒。

5　放入鍋中，冒出蒸氣後隔水蒸 8～10 分鐘。

6　蒸好後將魚汁倒掉，淋上蒸魚醬油調味，撒雞心椒和蔥綠絲，淋熱油激發出香味。

## 小叮嚀

❶ 請選擇新鮮的魚，重 500～750 克，方便掌握蒸製時間。可以買魚時讓商家處理好前置作業。

❷ 一般 500 克的魚在鍋內冒出蒸氣後蒸 8 分鐘即可，也可觀察魚的狀態，蒸到魚眼發白、微微突出，魚肉變白就差不多了。

❸ 蒸好後盤子中會有魚汁，由於魚汁比較腥，倒掉後再調味，味道更好。

# 蟲草花蒸魚片

- ⏱ 20 分鐘  ⌂ 炒、蒸
- ☆ 簡單  ◎ 378 大卡
- ✓ 低脂

蟲草花形似金絲線，口感脆爽，具有獨特的香氣。魚肉嫩滑，味道鮮美，直叫人一口又一口，不能停下來。

## 材料

| | |
|---|---|
| 比目魚 1 片 | 蒸魚醬油 30 毫升 |
| 蟲草花 20 克 | 鹽 2 克 |
| 蒜 7 瓣 | 食用油 30 毫升 |
| 蔥花 適量 | |

## 做法

1. 將比目魚斜刀切薄片，加鹽抓拌均勻，醃製5分鐘。
2. 蒜去皮，切成蒜末。 
3. 蟲草花洗淨，用溫水浸泡5～10分鐘。 
4. 鍋中倒入油燒至五成熱，放入一半蒜末，炒至金黃。 
5. 將魚片鋪在盤中，將炒好的蒜末鋪在魚片上，淋蒸魚醬油。 
6. 再鋪上泡好的蟲草花，大火隔水蒸10分鐘，出鍋後撒上剩餘蒜末。 
7. 鍋中倒入油，燒至九成熱，淋在蒜末上，激發出香味。 
8. 最後撒上蔥花。 

### 小叮嚀

蟲草花性味平和，不寒不燥，具有補肺補腎和護肝養肝的功效。蟲草花價格不貴，在網路商店都可買到，多用來清蒸或煲湯。

# 酸湯魚片

- ⏱ 10 分鐘　🍳 煮
- ☆ 簡單　🔥 327 大卡
- ✓ 營養均衡

在家就能做出和飯店同款的酸湯魚片。魚片嫩滑鮮美，湯底酸辣開胃，吃起來非常過癮。

## 材料

| | |
|---|---|
| 草魚片 250 克 | 太白粉 1 匙 |
| 金針菇 100 克 | 鹽 2 克 |
| 豆腐塊 100 克 | 食用油 1 匙 |
| 酸湯調味醬 100 克 | 蔥花 少許 |
| 米酒 1 匙 | |

## 做法

1. 草魚片中加入米酒、鹽、太白粉、食用油後抓拌均勻，醃製15分鐘。
2. 砂鍋中加入適量水，加入酸湯調味醬，煮滾後放入豆腐塊。 
3. 開大火煮滾後放入醃製好的魚片，繼續煮3分鐘。 
4. 放入清洗乾淨的金針菇，再煮30秒，起鍋撒上蔥花即可。 

## 小叮嚀

配菜的部分可以依據個人喜好搭配。

# 老壇酸菜魚

用老壇酸菜做出來的魚，味道好到讓你尖叫！魚片嫩嫩的，酸菜特別下飯，再喝點湯，鮮鮮的，帶點微酸，忍不住想再喝下一口。

## 材料

比目魚 1 片
老壇酸菜 150 克
薑 1 塊
乾辣椒 7 個
蒜 3 瓣
香菜段 適量

雞粉 1 小匙
清水（或高湯）1 大碗
太白粉 1 匙
米酒 1 匙
鹽 2 克
食用油 30 毫升

- 15 分鐘
- 簡單
- 585 大卡
- 炒、煮
- 富含蛋白質 ｜ 低飽和脂肪 ｜ 低糖

## 做法

1. 薑、蒜切成片，乾辣椒切成段備用。

2. 比目魚斜刀片成薄片，加入米酒、太白粉和鹽抓拌均勻，醃製 10～15 分鐘。

3. 鍋中倒油燒熱，下薑、蒜爆出香味。

4. 老壇酸菜入鍋炒出香味。

5. 加入適量清水或高湯，放雞粉調味。

6. 等鍋中湯煮滾後放入醃好的魚片，煮熟。

7. 盛出後撒上乾辣椒和香菜段。

8. 另取一鍋，倒油燒至八九成熱，將熱油淋在乾辣椒和香菜段上。

### 小叮嚀

也可以選擇烏鱧或清江魚之類刺少的魚。

# 鹽烤鯖魚

這道鯖魚做起來難度低，煎烤的時候不需額外放油，自身的油脂就很夠。鯖魚肉質緊實、入口鮮香，是減脂期超棒的蛋白質來源。

## 材料

鯖魚 1 片
檸檬 1 片
海鹽黑胡椒 適量
青芥末 適量
日式醬油 適量

- 15 分鐘
- 煎烤
- 簡單
- 108 大卡
- 低脂

## 做法

1. 鯖魚洗淨，用廚房紙擦乾表面水分，切十字花刀。
2. 用檸檬片在魚皮處塗抹，注意不要把魚弄太濕。 
3. 塗一層海鹽黑胡椒，風乾5～15分鐘。 
4. 用青芥末和日式醬油調勻做成蘸汁。 
5. 熱鍋後魚皮向放入鍋，魚皮會迅速收縮。 
6. 轉小火煎烤90秒左右，晃動鍋子，翻面煎熟。 

## 小叮嚀

❶ 品質好的鯖魚魚肉有光澤且富有彈性，背上花紋紋路清晰，魚肚處的肉口感軟硬適中，沒有特別重的腥味，用檸檬就可以輕鬆蓋住。
❷ 翻面時要從魚背翻起，從魚肚處翻，容易把魚弄散。

# 乾鍋焗鰱魚煲

⏱ 40 分鐘　　🍲 焗
☆ 簡單
🔥 低脂　　　◎ 520 大卡

這道乾鍋焗鰱魚煲做法超級簡單，味道鮮美，口感嫩滑，非常值得一試。

## 材料

| | | | |
|---|---|---|---|
| 鰱魚魚柳 1 片 | 青蔥 1 根 | 乾辣椒 1 個 | 米酒 1 匙 | 太白粉 少許 |
| 洋蔥 1/2 個 | 蒜 1 球 | 生抽 2 匙 | 鹽 適量 | 茶油 適量 |
| 薑 1 塊 | 檸檬 1 個 | 蠔油 1 匙 | 白胡椒粉 少許 | 米酒 少許 |

## 做法

1  洋蔥切成滾刀塊，薑切片，蒜去皮。

2  青蔥切圈，乾辣椒斜刀切段，檸檬切角。

3  將處理好的鰱魚切成大塊或寬條狀。

4  加入鹽、白胡椒粉、米酒、生抽、蠔油和太白粉。

5  抓勻醃製至少20分鐘，入味。

6  砂鍋中噴入茶油，把洋蔥、薑片、蒜均勻鋪在鍋底，小火爆香。

7  把醃製好的魚柳擺放在配料上面，淋入醃魚的醬汁。

8  加蓋，小火燜焗12～15分鐘。中途可以沿鍋淋一些米酒。

9  開蓋撒青蔥和乾辣椒，淋熱油激發出香味。還可以淋上一點檸檬汁，清新解膩。

## 小叮嚀

❶ 可以換成別的魚肉，要提前醃製入味。
❷ 要用配料把魚肉和鍋底隔開，避免魚肉黏鍋。
❸ 焗的時候火要小，避免水蒸發太快糊鍋。燜焗時間依據魚柳塊的大小自行掌握。如果魚塊太大要適當再加幾分鐘，出鍋前檢查肉質是否煮熟。
❹ 添加米酒可以讓魚肉更香，釋放的蒸氣也可以讓魚肉更快成熟。

# 無油乾炸白帶魚

做菜時為了確保家人的身體健康，不僅要做到葷素搭配，還要少油。這道用氣炸烤箱做的無油版乾炸白帶魚簡單易上手，就算是廚房小白也能夠收穫一份色澤金黃、酥脆鮮香、味道誘人的乾炸白帶魚。

### 材料

| | |
|---|---|
| 白帶魚 2 條 | 生抽 1 匙 |
| 米酒 1 匙 | 蠔油 1 匙 |
| 蔥、薑 適量 | 鹽 適量 |
| 十三香粉 2 克 | |

20 分鐘　氣炸
簡單　527 大卡
富含蛋白質　低飽和脂肪　低糖

### 做法

1. 白帶魚清洗乾淨，擦乾後切段備用。
2. 蔥、薑切絲備用。 
3. 將白帶魚和蔥薑絲放入容器中，加入其他調味料。 
4. 戴免洗手套抓拌均勻，醃製一兩個小時入味。 
5. 將醃製好的白帶魚段在烤網上鋪開。 
6. 氣炸烤箱180℃預熱5分鐘，放入白帶魚炸10分鐘。 

### 小叮嚀

1. 洗淨的白帶魚段要擦乾水後醃製一兩個小時入味，還可以蓋上保鮮膜，放冰箱冷藏過夜，會更加入味。中途可以抓拌幾次，使魚入味均勻。
2. 炸烤過程中可以按下燈光鈕，觀察白帶魚的炸製情況，依據白帶魚塊的大小自行調整炸製時間。

# 鮮蝦酪梨沙拉

酪梨富含維生素和多種微量元素，有降低膽固醇、預防便祕、保護肝臟、美容養顏等功效。搭配蔬菜和鮮蝦製作一款簡單的沙拉，開胃又好吃。

### 材料

鮮蝦 6 隻
酪梨 1 個
胡蘿蔔 20 克
玉米粒 30 克
低脂和風醬 1 匙
食用油 少許

⏲ 15 分鐘　🍳 汆、煎、拌
☆ 簡單　　 329 大卡
低飽和脂肪

### 做法

1　鮮蝦去頭、去殼、挑去蝦線、剝出蝦仁，洗淨。

2　酪梨去皮、去果核、切小塊，胡蘿蔔切花。

3　將胡蘿蔔和玉米粒汆燙熟後撈出瀝乾水分。

4　平底鍋中刷一層薄油，燒熱後將蝦仁煎至變色。

5　將所有處理好的食材放入碗中，加入低脂和風醬。

6　拌勻後裝盤（可用少許洋芋片墊底作裝飾）。

### 小叮嚀

食材可以依據個人喜好搭配。

# 低脂撈汁大蝦

⏱ 15分鐘　　△ 汆、醃
☆ 簡單　　　⊙ 1184 大卡
✓ 低飽和脂肪 ｜ 富含維生素 C

想減脂的朋友一定要試一下這道有蝦、有蛋、有蔬菜的低脂撈汁菜，清爽開胃又解饞，營養還非常全面，減脂期間也不用餓肚子啦。

## 材料

鮮蝦 10 隻　　蓮藕 1/2 個　　檸檬 1/2 個　　清香米醋 2 匙　　食用油 20 毫升
香菇 5 朵　　聖女番茄 5 個　　鮮青花椒 20～30 粒　　魚露 2 匙　　純淨水 400 毫升
金針菇 1 小把　　玉米 1/2 根　　熟白芝麻 適量　　零卡糖 2 匙　　鹽 適量
雞心椒 2 個　　鵪鶉蛋 10 個　　鮮味露 2 匙
綠花椰菜 5 朵　　薑 1 塊　　蠔油 2 匙

## 做法

1. 檸檬切片，雞心椒切圈，薑切片備用。

2. 鵪鶉蛋煮熟後去殼。

3. 蝦去蝦線，放入鍋中，加薑片汆燙至變色後撈出。

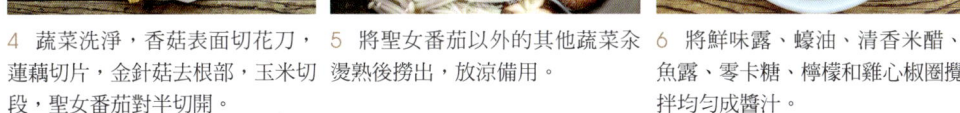

4. 蔬菜洗淨，香菇表面切花刀，蓮藕切片，金針菇去根部，玉米切段，聖女番茄對半切開。

5. 將聖女番茄以外的其他蔬菜汆燙熟後撈出，放涼備用。

6. 將鮮味露、蠔油、清香米醋、魚露、零卡糖、檸檬和雞心椒圈攪拌均勻成醬汁。

7. 鍋中倒油燒至五成熱，放入鮮青花椒炸出香味。

8. 將炸好的青花椒油淋入醬汁之中，攪拌均勻。

9. 在醬汁中加入純淨水，攪拌均勻成撈汁，依個人口味適量加鹽。

10. 將蔬菜、鵪鶉蛋和蝦浸泡在撈汁中，使汁水蓋過所有食材，撒熟白芝麻，蓋保鮮膜，放入冰箱冷藏1小時。

### 小叮嚀

❶ 自己製作青花椒辣味撈汁是這道料理的「靈魂」。
❷ 做好後不要急著吃，冷藏浸泡入味後味道超級棒。

# 酸湯蝦片

- ⏱ 20分鐘
- ◮ 炒、煮
- ☆ 簡單
- ◎ 512大卡
- ✓ 低飽和脂肪 | 低糖 | 低鹽

沒胃口的時候你一定要試試這道酸酸辣辣的酸湯蝦片，簡單卻不單調，蝦片脆嫩有彈性，湯汁鮮爽又開胃，吃起來真的連一滴湯汁都不想浪費。

### 小叮嚀

1. 裹在蝦表面的玉米粉要薄，敲打蝦片時施力要均勻。
2. 汆燙蝦片時水要多，必須一次汆燙熟透，如再次汆燙，蝦片就不通透，口感上會大打折扣。
3. 酸湯醬本身已經有鹹味了，口味重的朋友們可以酌情加鹽。

## 材料

娃娃菜 1 棵
金針菇 100 克
鮮蝦 200 克
雞心椒 2 個
青蔥 1 根
蒜 3 瓣
香菜 1 根
酸湯醬 60 克
玉米粉 1 匙
清水（或高湯）1 大碗
食用油 適量

## 做法

1  金針菇切去根部，娃娃菜洗淨備用。

2  雞心椒、青蔥、香菜清洗乾淨後切碎。

3  蒜去皮、切末備用。

4  鮮蝦去殼，剝出蝦仁，蝦頭部分留用。

5  蝦仁開背取出蝦線，蝦背不要切斷。

6  蝦子表面蘸薄薄一層玉米粉，用擀麵棍敲成薄薄的蝦片，入鍋汆燙熟（蝦片打捲變紅色即可）。

7  鍋中倒油，燒至七成熱，放入蝦頭，小火煎出蝦油。

8  將蝦頭揀出，放入蒜末，炒出香味。

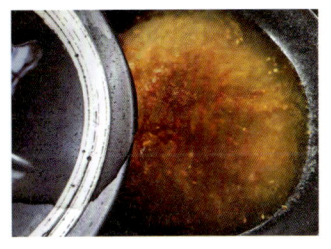

9  加入酸湯醬炒香後倒入清水或高湯，煮開成酸辣湯汁。

10  放入娃娃菜，煮到自己喜歡的口感後盛出，墊在碗底。

11  繼續用酸湯煮一下金針菇（在煮開的湯中燙30秒即可）。

12  將煮好的金針菇鋪在娃娃菜上，放蝦片、淋上滾燙的酸湯，撒上青蔥、雞心椒和香菜。

# 翡翠燴三鮮

- 🕐 15 分鐘　　🍳 氽、炒
- ☆ 簡單　　🔥 518 大卡
- ✓ 低飽和脂肪 ｜ 低鹽 ｜ 低糖

這道翡翠燴三鮮的名字來源於萵筍氽燙過後翠綠清透，色似翡翠。蝦、萵筍、木耳搭配不但顏色漂亮，味道也鮮美。

## 材料

| | |
|---|---|
| 萵筍（A 菜心）500 克 | 胡蘿蔔 20 克 |
| 鮮蝦 7 隻 | 鹽 少許 |
| 木耳 7 朵 | 松茸粉（香菇粉）2 克 |
| 雞蛋 1 個 | 食用油 適量 |

## 做法

1. 木耳泡發後洗淨。
2. 鮮蝦剝出蝦仁，去蝦線，蝦頭留用。 
3. 萵筍去皮，切滾刀塊。胡蘿蔔切絲。 
4. 滾水中放入萵筍和木耳，加鹽和幾滴油，氽燙到萵筍翠綠透明。 
5. 蝦仁氽燙至變色後撈出。 
6. 雞蛋打散。鍋中倒油，燒至七成熱時倒入蛋液，用筷子快速炒散，蛋液凝固後盛出。 
7. 鍋中留適量底油，放入蝦頭，煎出蝦油後將蝦頭揀出。 
8. 將萵筍、木耳、蝦仁入鍋，加入雞蛋、鹽、松茸粉、胡蘿蔔絲快速翻炒均勻。 

### 小叮嚀

蝦是優質蛋白質的來源，脂肪含量低，是減脂的優質食材。

# 蝦滑蒸冬瓜

這道蝦滑蒸冬瓜是海鮮和蔬食的結合，葷中有素，素中帶鮮的絕佳美味，健康還減脂。

## 材料

| | |
|---|---|
| 冬瓜 300 克 | 蛋白 1/2 個 |
| 鮮蝦 150 克 | 太白粉 1 匙 |
| 胡蘿蔔 1 段 | 白胡椒粉 少許 |
| 香油 5 毫升 | 米酒 5 毫升 |
| 青蔥圈 少許 | 鮮味露 15 毫升 |
| 鹽 1 克 | |

⏱ 20 分鐘　△ 蒸
☆ 簡單　　◎ 279 大卡
✓ 低糖 ｜ 低飽和脂肪

## 做法

1. 鮮蝦洗淨，用牙籤從蝦背第二節處挑出蝦線，去頭、去殼、剝出蝦仁。

2. 冬瓜洗淨、去皮，切成兩三公釐厚的片狀。

3. 胡蘿蔔洗淨、去皮、切薄片，用模具壓出花，對半切開。邊角料留用。

4. 將蝦仁剁成蝦漿，把胡蘿蔔邊角料剁碎後加入蝦漿中。

5. 蝦漿中加蛋白、鹽、白胡椒粉、太白粉和米酒，順一個方向拌出黏性。

6. 冬瓜片擺入盤中，圍成圓環。把蝦漿填到冬瓜片中間，圍上胡蘿蔔花片。

7. 上鍋隔水蒸，冒出蒸氣後大火蒸10分鐘。

8. 將鮮味露、香油攪拌均勻成醬汁。淋在蒸好的冬瓜蝦滑上，撒上青蔥圈。

### 小叮嚀

1. 冬瓜切成兩三公釐厚的片狀，太厚的話10分鐘蒸不透，蒸的時間過長蝦滑又容易蒸老。
2. 喜歡吃辣可以在調醬汁時放入雞心椒。

# 絲瓜鮮蝦煲

- 🕐 20 分鐘
- ☆ 簡單
- ◿ 低飽和脂肪
- △ 炒、煮
- ◎ 742 大卡
- 富含鐵

清熱低脂、美味養生的絲瓜鮮蝦煲,光是看起來就讓人非常有食欲。

## 材料

鮮蝦 8 隻　　雞蛋 1 個　　粉絲 1 小把　　鹽 適量
絲瓜 1 根　　木耳 7 朵　　高湯 1 大碗　　食用油 適量
蒜 2 瓣　　　胡蘿蔔 1 段　香油 1 小匙

## 做法

1　鮮蝦洗淨，去頭、去殼、開背去蝦線，做成蝦球。

2　粉絲用溫水泡軟備用。

3　木耳洗淨、泡發。

4　胡蘿蔔洗淨、切花片。

5　絲瓜洗淨、去皮、切滾刀塊。

6　蒜去皮、切成末。

7　雞蛋打成蛋液，鍋中倒油燒至七成熱，倒入蛋液，炒散後盛出。

8　鍋中留底油，加入蒜末炒出香味後放入絲瓜翻炒至變色。

9　另取一砂鍋，加入高湯煮開，放入粉絲、木耳、胡蘿蔔、雞蛋和絲瓜。

10　放入蝦球，加鹽，再次煮開，起鍋前淋香油。

### 小叮嚀

絲瓜除了清熱去火，還具備通經活絡、美容養顏的作用。

# 金針菇蝦仁豆腐煲

⏱ 25分鐘　　△ 煎、炒、煮
☆ 簡單　　◎ 561大卡
✓ 低飽和脂肪

大蝦的蛋白質含量豐富，可以一週多做幾次，補充營養。這道金針菇蝦仁豆腐煲營養豐富，吃起來嫩滑可口。

### 小叮嚀

1. 蝦仁要提前醃製，可以有效去除腥味，並使蝦仁更入味。
2. 雞蛋豆腐很嫩，容易碎，切和煎時都要小心一些，輕輕翻動。

## 材料

| | | | | |
|---|---|---|---|---|
| 鮮蝦10隻 | 雞心椒2個 | 玉米粉 適量 | 純釀醬油2匙 | 冰糖老抽1/2匙 |
| 雞蛋豆腐2條 | 蒜2瓣 | 零卡糖1小匙 | 蠔油1匙 | 食用油 適量 |
| 金針菇1小把 | 青蔥1根 | 高湯1碗 | 鹽 適量 | |

## 做法

1  金針菇切除根部，洗淨，瀝水備用。

2  蒜去皮、切末，雞心椒和青蔥切圈。

3  鮮蝦去頭、去殼、剝出蝦仁，開背剔除蝦線，加鹽抓勻，醃製10分鐘後洗淨。

4  雞蛋豆腐切厚片，均勻裹一層玉米粉。

5  鍋中放油燒至五成熱，放入雞蛋豆腐煎至表面金黃，撈出瀝油。

6  鍋中留適量底油，放入蒜末炒至微黃，炒出蒜香。

7  將純釀醬油、蠔油、冰糖老抽、零卡糖攪拌均勻，調成醬汁倒入蒜末中，炒勻煮開。

8  將金針菇鋪在砂鍋底部，淋上煮開的蒜末醬汁。

9  將雞蛋豆腐鋪在金針菇上。

10  鋪上蝦仁，倒入高湯。

11  大火煮開後轉中火再煮5分鐘。

12  起鍋後撒上雞心椒和青蔥。

# 蝦仁豆腐蒸蛋

健康減脂既要吃得好還要營養均衡，這一道蝦仁豆腐蒸蛋，主要食材有蝦、雞蛋、豆腐，都是健康減脂、補充蛋白質的優質食材，簡直就是營養搭配界的高手，鮮美又滑嫩，快快做起來吧。

🕐 20 分鐘　🍲 蒸
☆ 簡單　🔥 714 大卡
🌿 低糖

## 材料

| | |
|---|---|
| 鮮蝦 8 隻 | 鹽 少許 |
| 嫩豆腐 1 盒 | 溫水 適量 |
| 雞蛋 2 個 | 米酒 1 小匙 |
| 青蔥 1 根 | 食用油 適量 |
| 蒸魚醬油 15 毫升 | 太白粉 少許 |

## 做法

1 嫩豆腐切小塊，裝入盤中靜置片刻，將多餘的水分倒出。

2 鮮蝦洗淨，去頭去殼，用米酒、鹽、太白粉抓勻，醃製10分鐘去腥後，再過清水洗淨，蝦頭留用。

3 青蔥清洗乾淨，取蔥綠部分切成青蔥圈。

4 雞蛋加鹽，打散成蛋液，加等量的溫水，攪打均勻。

5 將蛋液過篩，倒入豆腐盤中。蓋保鮮膜，水開後小火蒸8分鐘。

6 把蝦仁放在微凝固的雞蛋豆腐表面，再蒸2分鐘。

7 油燒至六成熱，放入蝦頭煎出蝦油，倒入蒸魚醬油裡攪勻。

8 待蝦仁變色後取出，淋上調好的醬汁，撒上青蔥圈。

### 小叮嚀

1. 蛋液中加溫水，攪勻後過篩，蒸出的水蛋更嫩滑。
2. 蒸的過程中注意不可以用大火，以防蒸蛋內部組織出現蜂窩狀，影響口感。
3. 用蝦頭煎出的蝦油來調配醬汁，味道更鮮美。

# 低脂蛤蜊釀蝦滑

蒸菜保持了菜餚的原汁原味，帶出食物新鮮樸素的味道。烹煮過程中無油煙，既健康又能保持廚房清潔。蒸菜比煎炒炸的菜餚更容易消化，沒有接觸過高油溫，充分保留營養，對腸胃也非常好。

## 材料

明蝦仁 200 克
荸薺 3 個
蛤蜊 250 克

蔥花 少許
香油 5 克
鮮味露 15 毫升

⏰ 20 分鐘　🍲 煮、蒸
☆ 簡單　🔥 617 大卡
✓ 富含蛋白質 | 低脂 | 富含鐵

## 做法

1　蛤蜊浸泡吐沙後洗淨，放入鍋中，煮至蛤蜊開口，撈出瀝水。

2　明蝦仁剁成蝦漿，荸薺洗淨、去皮、切碎。

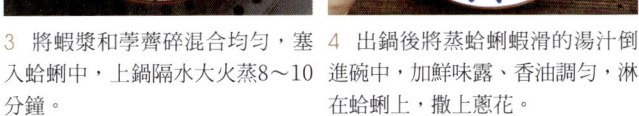

3　將蝦漿和荸薺碎混合均勻，塞入蛤蜊中，上鍋隔水大火蒸8～10分鐘。

4　出鍋後將蒸蛤蜊蝦滑的湯汁倒進碗中，加鮮味露、香油調勻，淋在蛤蜊上，撒上蔥花。

### 小叮嚀

在蝦漿中加入荸薺，吃起來口感脆爽香甜，也可依個人喜好添加別的蔬菜。

# 花蛤粉絲煲

⏱ 15 分鐘　△ 炒、燜
☆ 簡單　◎ 645 大卡
♡ 低飽和脂肪

沒有人可以拒絕這道熱騰騰、香噴噴的花蛤粉絲煲，鮮美入味，太適合氣溫下降的季節。

## 材料

花蛤 300 克
粉絲 1 小把
金針菇 100 克
洋蔥 1/2 個
雞心椒 5 個
蒜 1 球
青蔥碎 少許

鮮味露 1 匙
蠔油 1 匙
雞粉 少許
鹽、零卡糖 少許
食用油 適量
水（或高湯）適量

## 做法

1 將花蛤洗淨，放入清水中，加鹽和食用油攪勻，靜置 1 小時吐沙。

2 粉絲提前泡軟備用。

3 洋蔥切條，金針菇切除根部，洗淨備用。

4 蒜去皮、切蒜末，雞心椒切碎備用。

5 鍋中倒油燒熱，放入部分蒜末炒金黃，再放入雞心椒碎，加鹽、零卡糖、雞粉、鮮味露和蠔油。

6 加入剩餘的蒜末，炒均勻成蒜蓉醬。

7 砂鍋中鋪上洋蔥，上面鋪金針菇和泡好的粉絲，最上面鋪上花蛤，倒上蒜蓉醬。

8 淋入水或高湯，加蓋燜煮 10 分鐘左右。待花蛤全部開口後關火，撒青蔥碎。

### 小叮嚀

蒜末不要一次全下鍋，分兩次更能激發出香味。

# 蒜蓉粉絲蒸貽貝

- 15 分鐘　蒸
- 簡單　634 大卡
- 低飽和脂肪 ｜ 0 膽固醇 ｜ 富含鐵

貽貝味道鮮甜，沒有什麼腥味，清蒸、煮湯、煮粥或炒都特別好吃，簡直是無法拒絕的美味。

## 材料

冰鮮熟貽貝 500 克
粉絲 1 小把
蒜 1 球
青綫椒 1 個
雞心椒 2 個
鹽、雞粉 適量
食用油 適量
蔥綠絲 少許

## 做法

1　粉絲泡軟、瀝水，剪成幾段鋪在盤中。

2　蒜去皮、切末，青綫椒和雞心椒切碎備用。

3　貽貝洗淨，去掉一半殼，剪去足絲，擺在粉絲上。

4　蒜末和辣椒中加入適量的鹽和雞粉，油燒熱之後淋在上面，攪拌均勻。

5　把蒜末和辣椒均勻的鋪在貽貝上，上鍋隔水蒸五六分鐘。

6　出鍋後撒上蔥綠絲，上桌。

### 小叮嚀

如果用的生貽貝，要延長蒸製時間，隔水蒸8～10分鐘為宜。

079

# 蒜蓉粉絲蒸小卷

🕐 25分鐘　　🍳 炒、蒸
☆ 簡單　　　 🔥 435大卡
✓ 低熱量　| 富含維生素E

這道蒸菜蒜香濃郁、味道鮮美、小卷口感脆嫩，吸滿了湯汁的粉絲同樣解饞。

### 材料

小卷 500 克
粉絲 1 把
蒜 1 球

青蔥 1 根
檸檬蒸魚醬油 2 匙
鹽 1 克

零卡糖 適量
食用油 適量

### 小叮嚀

小卷要選用新鮮的,冷凍很久的不適合清蒸。

### 做法

1 粉絲用溫水泡軟,剪斷。

2 蒜去皮、切成蒜末。

3 青蔥綠切絲,泡在水中。

4 小卷清洗乾淨,剪開身體,去掉內臟、眼睛和牙齒,抽出中間的軟骨。

5 將泡軟的粉絲平鋪在盤底。把小卷均勻的鋪放在粉絲上面,不要疊放。

6 油燒至六成熱,放入一半蒜末炒至金黃,再放入另一半蒜末,關火炒勻。

7 將炒好的蒜末盛出,加入鹽、零卡糖、1匙檸檬蒸魚醬油,調勻成蒜蓉醬。

8 將調好的蒜蓉醬淋在小卷上,上鍋隔水蒸六七分鐘。

9 出鍋後撒上蔥絲,再淋上1匙檸檬蒸魚醬油,最後淋上熱油,激發出蔥香。

# 貽貝拌菠菜

- 10 分鐘　汆、拌
- 簡單　197 大卡
- 低飽和脂肪｜低鹽

簡單、營養、美味的貽貝拌菠菜，脂肪含量低、清淡不油膩。只需要簡單調味就能征服你的味蕾。

## 材料

菠菜 250 克
熟貽貝肉 150 克
胡蘿蔔 20 克
蒜 3 瓣

鮮味露 2 匙
白芝麻 2 克
香油 1 小匙

## 做法

1. 菠菜清洗乾淨，切段，汆燙去草酸後瀝乾水分。

2. 蒜去皮、切蒜末，加鮮味露和香油攪拌均勻成醬汁。

3. 胡蘿蔔洗淨、切絲。

4. 在汆燙好的菠菜、熟貽貝肉、胡蘿蔔絲中加入調好的醬汁拌勻，撒上白芝麻。

## 小叮嚀

1. 貽貝肉提前洗淨、蒸熟，可放冰箱冷凍保存。
2. 菠菜要汆燙去草酸，但汆燙時間不宜過長。
3. 醬汁可以依照個人口味調配，可加適量芥末油、辣椒油。

# 溫拌鮑魚

溫拌海鮮是膠東四大拌之一，是非常經典的涼拌菜。所謂溫拌是指將原料煮熟（通常以汆燙方式），然後加入海鮮拌汁拌勻即成。鮑魚這樣做簡單、好看、好吃又營養。快來解鎖這道口味甘甜、肉質緊實、嚼感十足的溫拌鮑魚吧。

## 材料

| | |
|---|---|
| 大鮑魚 3 個 | 香菜 1 根 |
| 青椒 1 個 | 蝦頭 7 個 |
| 雞心椒 1 個 | 食用油 適量 |
| 蔥白 1 段 | 海鮮拌汁 50 毫升 |

## 小叮嚀

鮑魚汆燙到變色即可，煮的時間不可過長，口感會變老。

- 10 分鐘
- 汆、拌
- ☆ 簡單
- 251 大卡
- ✓ 低飽和脂肪 | 低糖 | 富含維生素 C

## 做法

1. 蔥白、青椒、雞心椒切絲，香菜切段備用。

2. 大鮑魚肉切片。

3. 鍋中水煮開，放入鮑魚肉片汆燙後撈出瀝乾水分。

4. 鍋中倒油燒熱，放入蝦頭煸出紅色的蝦油。

5. 將蝦油倒入海鮮拌汁當中攪拌均勻。

6. 將鮑魚片放進容器中，加入蔥白、青椒絲、雞心椒、香菜段，淋上海鮮拌汁拌勻。

# 白灼小章魚

章魚含有豐富的蛋白質、礦物質，還富含抗疲勞、抗衰老的重要保健因子——天然牛磺酸。蘆筍含有豐富的維生素B群、維生素A以及微量元素和胺基酸。吃膩了大魚大肉，素菜又過於單調，不如來一道白灼小章魚，清清爽爽。

15 分鐘　汆
簡單　253 大卡
低飽和脂肪｜低糖｜富含葉酸

## 材料

| 蘆筍 7 根 | 雞心椒 1 個 | 米酒 1 匙 |
| 小章魚 6 個 | 薑 2 片 | 鹽 適量 |
| 青蔥 1 根 | 蒸魚醬油 2 匙 | 食用油 適量 |

## 做法

1  蘆筍洗淨，削去老皮，切成8公分長的段。

2  小章魚去內臟、眼睛和牙齒後洗淨。

3  將蔥綠和雞心椒切絲備用。

4  鍋中水煮滾，加少許鹽和幾滴食用油，放入蘆筍汆燙熟。

5  汆燙熟的蘆筍撈出瀝乾後擺放入盤中。

6  另煮一鍋水，加入薑片和米酒煮滾，放入小章魚，煮到肉的顏色變白後關火。

7  把汆燙好的小章魚瀝乾後擺在蘆筍上。

8  淋上蒸魚醬油，撒上蔥綠和雞心椒絲，淋上熱油即可。

### 小叮嚀

小章魚汆燙時間不宜過長，水滾放入，立刻關火，顏色變白、腳捲起來即可撈出。

輕主食

# 糖果鮪魚三明治

- 10 分鐘  ◯ 包捲
- ☆ 簡單  ◎ 659 大卡
- ✓ 低鹽

這道鮪魚口味的三明治，清爽不膩又美味，包裹成糖果的可愛形狀，搭配濃郁暖心的咖啡，真的太讓人滿足啦。

## 材料

黑麥吐司 4 片
水煮蛋 1 個
苦苣 1 小把
鮪魚罐頭（水漬）1 罐
番茄 1 個
海苔碎 少許

## 做法

1　苦苣清洗乾淨，用廚房紙吸乾水分。

2　番茄洗淨、切片備用。

3　把黑麥吐司片擺在盤中，鋪上一層苦苣，一層番茄片，再鋪上鮪魚肉。

4　水煮蛋切片，鋪在最上面，撒海苔碎。

5　把兩片吐司夾起來，用烘焙紙包裹，將兩邊多出來的紙反方向擰一下，擰成糖果包裝紙狀。

## 小叮嚀

三明治中可加入自己喜歡的食材，自由搭配。

# 蘋果玫瑰花吐司

- 🕐 15 分鐘　△ 煮
- ☆ 簡單　☼ 325 大卡
- ✓ 低脂

睡到自然醒，給自己做一份高顏值營養吐司，馬上元氣滿滿。

## 材料

| | |
|---|---|
| 全麥吐司 2 片 | 零卡糖 10 克 |
| 蘋果 1 個 | 果醬 1 匙 |

## 做法

1. 將一片吐司中間部分切掉，做出方形回字框。
2. 將另一片吐司中間按扁，在按扁的地方塗一層果醬。 
3. 將兩片吐司疊起來。 
4. 蘋果洗淨、切開去核、切成薄片（盡可能切到最薄），浸泡在淡鹽水中防止氧化變色。 
5. 平底鍋中加水和零卡糖煮開，放入蘋果片燙軟。 
6. 將蘋果片撈出瀝乾水分，取8～10片從大到小依次疊放。 
7. 從最右邊一片向左邊捲起。 
8. 將9個捲好的蘋果玫瑰花擺在吐司框中，可以用小葉子點綴。 

## 小叮嚀

蘋果片稍微燙軟即可，不可以煮得太過。

# 懶人小餐包

- 30 分鐘　烤
- 簡單　143 大卡 / 個
- 低糖

不需要揉麵，也不需要出膜，這款麵包真是懶人和料理小白的福利。喜歡吃麵包的朋友一定要試試。

### 材料

高筋麵粉 250 克　　　溫牛奶 160 毫升
橄欖油 10 毫升　　　雞蛋 1 個
耐高糖乾酵母 3 克　　零卡糖 10 克
鹽 1 克　　　　　　　黑芝麻 適量

### 做法

1. 將溫牛奶、耐高糖乾酵母、零卡糖、鹽混合拌勻。
2. 加入雞蛋、橄欖油攪拌均勻。 
3. 加入高筋麵粉，用矽膠刀攪拌至無乾粉的狀態。 
4. 蓋保鮮膜，醒發至2倍大後取出，從外向裡翻拌，按壓排氣1分鐘。 
5. 在矽膠墊撒一層乾粉，將麵團放在矽膠墊上，向裡收口，整形。 
6. 將麵團等分成8份。取一份麵團向裡折疊，揉圓，做好麵包麵團。 
7. 蓋保鮮膜，繼續醒發至2倍大，然後在表面刷一層清水。 
8. 撒上黑芝麻。烤箱以180℃預熱，將麵包麵團烤15～18分鐘。 

### 小叮嚀

① 這款麵包含水量比較大，所以不要用手揉，會非常黏。
② 食譜中用到的糖分量很少，如果喜歡甜可以再加點糖。
③ 做好後及時密封保存，第二天還是軟的。

# 椰子蜜豆小餐包

- ⏱ 30 分鐘
- ☆ 簡單
- 🔥 烤
- ☀ 198 大卡 / 個
- 低糖

超柔軟的椰子蜜豆小餐包，做法真的非常簡單，不需要揉麵。

## 材料

| | |
|---|---|
| 高筋麵粉 250 克 | 雞蛋 1 個 |
| 橄欖油 10 毫升 | 零卡糖 10 克 |
| 耐高糖乾酵母 3 克 | 椰子粉 適量 |
| 鹽 1 克 | 蜜豆 適量 |
| 溫牛奶 160 毫升 | |

## 做法

1 將椰子粉和蜜豆混合均勻，做成椰子粉蜜豆餡。

2 將溫牛奶、耐高糖乾酵母、零卡糖、鹽混合攪勻，再加入雞蛋和橄欖油拌勻。

3 加入高筋麵粉，用矽膠刀攪拌至無乾粉的狀態。

4 蓋上保鮮膜，醒發至2倍大後取出，翻拌按壓排氣。

5 在矽膠墊上撒一層乾粉，將麵團收口、整形，等分成8份。

6 將一份麵團向裡折疊，壓扁後填上椰子粉蜜豆餡，捏合收口。

7 蓋上保鮮膜，繼續醒發至2倍大後做出自己喜歡的圖形，篩粉。

8 烤箱180℃提前預熱5分鐘，將麵包麵團放進去烤15～18分鐘。

### 小叮嚀

餡料裡的蜜豆已經有甜味，糖不用加太多。

# 牛角小麵包

- ⏱ 40 分鐘
- ☆ 簡單
- ✓ 低糖
- ⌂ 烤
- ◎ 248 大卡 / 個

牛角麵包屬於起酥類麵包，因為有裹入奶油，所以熱量比較高，讓人饞而生畏。這款牛角麵包沒有加入奶油，更健康，做法也相對簡單。特別適合對飲食嚴格控制的朋友解饞。

### 材料

高筋麵粉 500 克
雞蛋 1 個
耐高糖乾酵母 5 克

鹽 2 克
水（或牛奶）250 毫升
奶粉 50 克

零卡糖 30 克
玉米油 40 毫升
白芝麻 適量

全蛋液 適量

### 做法

1 將除了玉米油、水、全蛋液和白芝麻外的所有材料放入容器中混合均勻。

2 加入30毫升玉米油和水，揉成光滑的麵團，蓋上保鮮膜鬆弛10分鐘。

3 將鬆弛好的麵團等分成小麵團，滾圓，蓋保鮮膜保濕。

4 取一個麵團，搓成胡蘿蔔狀。

5 在寬的一端切開六、七公分的口，左右拉開，往上捲起來。

6 兩角往內彎，做成牛角造型。

7 把麵團放在烤盤上，放在溫暖濕潤處醒發30分鐘。

8 在麵團表面刷一層全蛋液，撒上白芝麻。

9 放入180℃預熱的烤箱，先烤15分鐘，取出刷一層玉米油，再烤5分鐘即可。

### 小叮嚀

❶ 可依據麵粉吸水率適當增減水或牛奶的用量。
❷ 鹽可以強化麵筋，增加麵團的延展性，能讓麵包風味更加明顯，能吃出麵粉的麥香。

# 多穀物紫薯蝴蝶結小麵包

⏱ 60 分鐘　🔥 烤
☆ 簡單　　　 66 大卡/個
✓ 富含膳食纖維 | 低鹽

減肥的朋友大多覺得麵包的糖、油含量高，熱量也高，不宜多吃。這款無油無糖的麵包，既解了饞，也少了吃麵包的「罪惡感」。可鹽可甜的麵包配方，讓美味與健康兼得。

## 材料

多穀物高筋麵粉 350 克
紫薯 100 克
耐高糖乾酵母 4 克
椰子粉 適量
水 適量

## 做法

1. 紫薯洗淨，上鍋隔水蒸 20～25 分鐘，蒸到用筷子能穿透即可。放涼後去皮、搗成泥。

2. 多穀物高筋麵粉中加入耐高糖乾酵母攪拌均勻，再加入紫薯泥。

3. 依據麵粉的吸水率加入適量水揉成麵團，蓋保鮮膜，低溫醒發至麵團 2 倍大，內部組織呈蜂窩狀。

4. 取出麵團排氣揉光，切分成大小合適的小麵團。

5. 將小麵團按扁成小圓餅，按照片中的圖示切開。

6. 做成蝴蝶結形狀。

7. 將做好的麵團放在烤盤上，撒上適量椰子粉，二次醒發。

8. 將麵團放進烤箱，以 150℃ 烤 12 分鐘。

## 小叮嚀

❶ 烘烤時間可依據自家烤箱性能和麵團大小調整。
❷ 可以把紫薯泥換成蔬菜汁。

# 無油雜糧全麥司康

傳統的司康要放不少奶油，吃起來容易有心理負擔。這款改良後的司康，清爽不油膩，奶香卻不減，低脂健康，飽腹感強，好吃無負擔。放了一些蔓越莓乾來改善口感，吃起來酸酸甜甜的，口感層次更加豐富。

## 材料

雜糧全麥高筋麵粉 200 克
耐高糖乾酵母 2 克
雞蛋 1 個
牛奶 100 毫升
蔓越莓乾 20 克
零卡糖 10 克

- 40 分鐘
- 烤
- 簡單
- 223 大卡
- 低鹽 | 低脂

## 做法

1. 在雜糧全麥高筋麵粉中加入耐高糖乾酵母和零卡糖，攪拌均勻。
2. 少量多次加入牛奶，將麵粉攪拌成絮狀。 
3. 加入蔓越莓乾，揉成麵團，蓋保鮮膜醒發。 
4. 將雞蛋分離取出蛋黃，打散成蛋液備用。 
5. 將醒發好的麵團按成厚1公分左右的圓餅狀。 
6. 放入烤箱，180℃烤10分鐘。 
7. 取出後切塊，在表面刷上一層蛋黃液。 
8. 進烤箱180℃再烤10分鐘。 

## 小叮嚀

1. 如果發現上色過深，可及時蓋上鋁箔紙。
2. 趁熱吃口味更好，冷掉後可用烤箱回烤一下。直接吃或蘸牛奶、抹優酪乳、抹煉乳、抹果醬都好吃。

093

# 馬鈴薯泥黃瓜壽司捲

清爽的小黃瓜片包裹糯香的馬鈴薯泥，搭配各種食材，一共六款，低卡飽腹、健康滿分，先吃哪一款呢？

## 材料

馬鈴薯 1 個
鮮蝦 2 隻
甜玉米粒 10 克
藍莓 10 個
胡蘿蔔丁 10 克
小黃瓜 1 根
聖女番茄 2 個
草莓 2 個

午餐肉 20 克
海苔肉鬆 10 克
低脂沙拉醬 適量
海鹽黑胡椒 適量
茶油 5 毫升
巴西里碎末 少許
薄荷葉 少許

- 20 分鐘
- 蒸、汆
- 簡單
- 312 大卡
- 低鹽 低飽和脂肪

## 做法

1 馬鈴薯去皮、切片。

2 上鍋隔水蒸15分鐘。

3 把蒸熟的馬鈴薯放涼後，壓成泥，加入茶油、海鹽黑胡椒和低脂沙拉醬，攪拌均勻。

4 小黃瓜用刮皮器刮出薄片，胡蘿蔔丁、甜玉米粒汆燙熟瀝乾水，蝦煮熟、去殼，聖女番茄切片，草莓和午餐肉切丁。

5 把小黃瓜薄片捲成橢圓形，擺入盤中，再填入馬鈴薯泥沙拉。

6 在馬鈴薯泥上面擺放不同的食材，擠上沙拉醬，撒巴西里碎末，加薄荷葉裝飾。

### 小叮嚀

食材可以依據家裡的庫存食材和個人喜好搭配。

# 時蔬肉鬆飯糰

- ⏱ 15 分鐘
- 🍚 汆、拌
- ☆ 簡單
- 🔥 443 大卡
- ✓ 低飽和脂肪 | 低膽固醇

飯糰做法很簡單，同樣的方法可以製作出不一樣的口味，裝飾成自己想要的樣子。米飯吃的不只是味道，更是營養和花樣。

## 材料

米飯 240 克
胡蘿蔔 20 克
綠花椰菜 20 克
肉鬆 15 克
海苔絲 5 克
日式昆布醬油 5 毫升
熟白芝麻 5 克

## 做法

1. 將綠花椰菜掰成小朵，洗淨後汆燙熟，瀝水。
2. 將綠花椰菜和胡蘿蔔切碎，放入米飯中。 
3. 加入日式昆布醬油和肉鬆。 
4. 戴手套，將米飯抓拌均勻。 
5. 壓入飯糰模具（也可用手把飯糰抓成團後整形）。 
6. 脫模後放入盤中，撒上海苔絲和熟白芝麻。 

### 小叮嚀

蔬菜和肉類可以依據個人喜好添加，做到營養均衡就好。也可以花點小心思，包入內餡，比如培根或喜歡的時蔬，更有意思。

# 低脂飯糰

- ⏱ 20 分鐘　　⌂ 拌
- ☆ 簡單　　◎ 529 大卡
- ♪ 低飽和脂肪

陽光燦爛的時候最適合郊遊，自己親手做一些適合野餐的食物，和家人朋友一起分享，既吃得舒心又衛生健康。

## 材料

- 米飯 1 碗
- 小黃瓜 1 根
- 芒果 1 個
- 低脂起司片 2 片
- 熟白芝麻 適量
- 櫻花魚鬆粉 5 克
- 肉鬆 適量
- 海苔碎 適量
- 日式昆布醬油 5 毫升
- 壽司醋 5 毫升
- 沙拉醬、番茄醬 少許
- 黑芝麻 少許

## 做法

1. 芒果去皮、去核、切片和丁，小黃瓜切薄片，起司片切小片。

2. 取一份米飯與壽司醋拌勻，加入海苔碎、熟白芝麻和日式昆布醬油，戴免洗手套抓拌均勻。

3. 抓取50克左右，用保鮮膜包起來，捏緊成飯糰。

4. 再抓一份米飯，加入適量櫻花魚鬆粉，戴免洗手套抓拌均勻。

5. 抓取50克左右米飯平鋪在保鮮膜上，加上肉鬆和海苔碎。

6. 用保鮮膜包起來，捏緊成飯糰。

7. 抓取第三份米飯，平鋪在保鮮膜上，加適量熟白芝麻、肉鬆、海苔碎。

8. 用保鮮膜包起來，捏緊成飯糰。

9. 飯糰做好後加上起司片、小黃瓜、芒果，淋上沙拉醬、番茄醬，撒上黑芝麻，可加小葉子裝飾。

### 小叮嚀

飯糰食材可依據個人口味調整。

# 嫩牛口袋餅

🕐 30 分鐘　△ 烙、煎
☆ 中等　　◎ 674 大卡 / 個
✓ 富含蛋白質 | 低飽和脂肪

口袋餅形如其名，猶如口袋一般，能囊括萬物。將個人喜愛的蔬菜或肉類等塞進口袋裡，大口大口咬，真是過癮。

### 小叮嚀

1. 和麵用70℃左右的熱水，這樣烙出的餅酥脆中帶有韌勁，裡面柔軟。
2. 小火加蓋烙餅是為了水蒸氣在鍋中循環，烙出的餅才會不乾不硬，口感柔軟有韌性。
3. 牛肉用鹽或牛排醬醃製一下，能釋放牛肉的香味。煎時用大火能迅速封住牛里肌肉裡面的肉汁，使肉質鮮美，嫩滑多汁。
4. 配菜可以依據個人口味添加，做到營養均衡就好。

材料

牛里肌肉 500 克
麵粉 500 克
小黃瓜 1 根
胡蘿蔔 1/2 根
生菜 1 棵
牛排醬 30 克
食用油 20 毫升
鹽 2 克
70℃熱水 255 毫升

做法

1 將牛里肌肉切成長10公分、寬1.5公分的長條，加牛排醬抓勻，醃製30分鐘以上入味。

2 等待牛肉醃製時來和麵團。在麵粉中加鹽攪勻，再加入70℃的熱水，用筷子將麵粉攪成絮狀。

3 揉成光滑的麵團，蓋保鮮膜醒發15〜20分鐘，然後再次揉光滑。

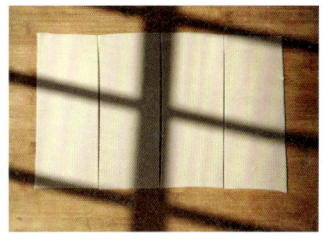

4 將麵團擀平成兩三公釐厚的餅皮，切成長方形麵片。

5 在麵片中間刷一層薄油，兩邊各留出1公分的空白。

6 在兩邊空白處薄塗一層清水。

7 將麵片刷油的一面向內對折，將塗水的兩邊輕壓一下，黏起來。

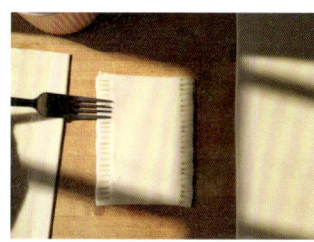

8 將麵片的兩邊用叉子壓緊，壓出花邊，做好生麵餅。

9 平底鍋預熱，放入生麵餅。小火加蓋，烙熟。

10 小黃瓜、胡蘿蔔清洗乾淨，切長條。

11 另取一平底鍋，將醃好的牛肉大火煎1.5分鐘，每面都煎一下。

12 將做好的肉和菜裝進口袋餅裡。

# 芝香肉鬆海苔格子鬆餅

想吃格子鬆餅，自己在家就能做，原料很容易取得，無油煎烤零負擔。外脆裡酥、滿口留香。

⏱ 40 分鐘　🔥 烤
☆ 簡單　　 734 大卡
✓ 富含蛋白質　低飽和脂肪

## 材料

低筋麵粉 150 克
肉鬆 20 克
海苔 20 克
耐高糖乾酵母 2 克

零卡糖 10 克
白芝麻 10 克
溫水 適量

## 做法

1. 在低筋麵粉中加入零卡糖和耐高糖乾酵母，攪拌均勻。

2. 以少量多次方式加入溫水，攪拌成絮狀，揉成光滑的麵團，蓋保鮮膜醒發。

3. 將醒發好的麵團切分成適當大小的小麵團，按扁後包入白芝麻、肉鬆、海苔。

4. 包好後收口朝下醒發片刻。

5. 把格子鬆餅機通電預熱3分鐘，將包好餡的生麵團壓入格子鬆餅機的烤盤中。

6. 每個鬆餅以中火烤五六分鐘後出鍋。

## 小叮嚀

餡料可以依據個人口味添加、替換。

# 菠菜紅豆沙糯米餅

- ⏰ 20 分鐘
- ⌂ 煎
- ☆ 簡單
- ◎ 751 大卡
- ✓ 低脂

這道菠菜紅豆沙糯米餅口感細膩清香，加入了菠菜汁和紅豆沙餡，補鐵補血更營養。

## 材料

糯米粉 150 克
菠菜 50 克
紅豆沙餡 80 克
白芝麻 適量
零卡糖 10 克
清水 適量
食用油 15 毫升

## 做法

1. 鍋中水燒開，放入菠菜汆燙去草酸，瀝乾水分。
2. 將菠菜放入料理機中，加適量清水打成菠菜汁，過濾後煮開。 
3. 在糯米粉中加入零卡糖，攪拌均勻，少量多次加入菠菜汁。 
4. 用矽膠刀攪拌均勻，揉成光滑的菠菜糯米麵團。 
5. 將揉好的麵團分成相同大小的小麵團，揉圓。 
6. 用手把麵團壓成皮，填入紅豆沙餡，封口。 
7. 輕壓成餅，兩面蘸上白芝麻。 
8. 鍋中刷油，放入糯米餅，小火慢煎至兩面變軟，顏色變深即可。 

## 小叮嚀

① 菠菜汁要少量多次慢慢加入，具體加入量要看糯米粉的吸水量。
② 加入紅豆沙餡包成圓餅後不要反復壓扁，否則餅皮乾了容易裂開。
③ 煎的過程中要經常給餅翻面，避免煎焦。

# 蔓越莓玉米捲

- 30 分鐘
- 蒸
- 簡單
- 154 大卡 / 個
- 低飽和脂肪

玉米麵用開水一燙，加一把蔓越莓乾，酸甜開胃，棉軟好吃。

## 材料

玉米麵粉 100 克
中筋麵粉 200 克
零卡糖 10 克
耐高糖乾酵母 3 克

蔓越莓乾 50 克
雞蛋 1 個
開水 適量

## 做法

1 玉米麵粉用滾水燙一下，用筷子攪拌成絮狀。

2 加入中筋麵粉、零卡糖、耐高糖乾酵母和雞蛋，攪拌均勻。

3 揉成光滑的麵團，蓋保鮮膜醒發至2倍大。

4 醒發好的麵團取出排氣，再次揉光。

5 分成8個大小相同的小麵團。

6 將小麵團擀成牛舌狀，放上適量蔓越莓乾，從一端捲起。

7 擀成牛舌狀，再次捲起。

8 將蔓越莓玉米捲放入蒸籠醒發15分鐘，上鍋隔水蒸15分鐘即可。

### 小叮嚀

① 燙玉米麵粉時，滾水要少量多次加入到看不見乾粉。
② 和麵時可依據麵粉的吸水性加入適量水和食用油。
③ 麵要和得軟一點，成品口感會更棉軟。

# 榆錢窩窩

- 40 分鐘　蒸
- 簡單　120 大卡 / 個
- 低飽和脂肪

春暖花開，是採摘並品嘗榆錢的絕佳時節，踏青之際採上一把鮮嫩的榆錢，搭配些玉米麵粉，做成榆錢窩窩，既有營養又好吃。

### 材料

榆錢 適量
中筋麵粉 150 克
玉米麵粉 50 克
酵母粉 2 克
清水 100 毫升
鹽 少許

### 做法

1 榆錢去掉尾部，水裡加鹽浸泡10分鐘，洗淨、瀝乾。

2 將麵粉和玉米麵粉混合均勻，加入酵母粉。

3 少量多次加入清水，把麵粉攪拌成絮狀。

4 加入洗淨的榆錢，揉成麵團，蓋上保鮮膜醒發。

5 取出麵團，搓成圓柱形，切分成6個大小相同的小麵團，搓圓。

6 用右手大拇指在麵團上面按一個洞，放在掌心。

7 整成窩頭形狀。

8 放入蒸籠隔水蒸，大火燒開後轉中火蒸15～20分鐘，再關火燜3分鐘。

### 小叮嚀

榆錢本身含有水分，和麵時水要少量多次加入，並且麵粉的吸水性不同，要依據實際情況添加。

## 翡翠白菜蒸餃

- 45 分鐘 ・ 蒸
- 中等 ・ 2732 大卡
- 營養均衡

顏值與美味兼具的翡翠白菜蒸餃，絕對一上桌就被掃光。快來為餐桌增添一抹充滿活力的綠色吧。

## 材料

| 豬肉餡 250 克 | 麵粉 300 克 | 八角 1 個 | 生抽 2 匙 | 十三香粉 1 小匙 |
| 菠菜 100 克 | 薑 2 片 | 香菜 1 根 | 蠔油 1 匙 | 鹽、雞粉 適量 |
| 白菜 150 克 | 大蒜苗 1 根 | 食用油 適量 | | |

## 小叮嚀

在白菜碎中淋入自製的香料油拌勻，可以鎖住白菜的汁水，讓餃子吃起來更加美味多汁。

## 做法

1. 將麵粉分成兩份，一份100克、一份200克。

2. 菠菜洗淨，放入料理機中，加適量水打成汁後過濾。

3. 將菠菜汁少量多次加入100克的麵粉中，攪拌成絮狀後揉成綠色麵團。將200克麵粉加水，揉成麵團。將兩個麵團蓋上保鮮膜醒15分鐘後再次揉光。

4. 大蒜苗切段，薑切絲，取一部分蔥薑用適量溫水浸泡，揉搓成蔥薑水。

5. 將蔥薑水過濾後加入豬肉餡中，加入生抽、蠔油、十三香粉、鹽和雞粉，順一個方向攪拌出黏性。

6. 鍋中加油燒至六成熱，加入剩餘蔥薑、八角和香菜，煎至香料變焦黃後將香料揀出，製成香料油。

7. 白菜洗淨、切碎，淋入自製的香料油拌勻。

8. 把白菜碎加入豬肉餡中，順一個方向攪拌均勻，調好餃子餡。

9. 把醒好的綠色麵團擀成長方形，把白色麵團搓成圓柱形，包裹在綠色麵團裡。

10. 切分成大小適中的小麵團，擀成餃子皮。

11. 在餃子皮中間填入適量餡料，包成類似白菜形餃子。

12. 將餃子放入蒸籠，上鍋隔水蒸15分鐘即可。

# 玫瑰花蒸餃

- ⏱ 50 分鐘　△ 蒸
- ☆ 中等　◎ 996 大卡
- ✓ 富含蛋白質｜低飽和脂肪

生活既要有詩意和浪漫，又要有柴米油鹽煙火氣，這款玫瑰花蒸餃除了好看好吃，還可以當作禮物，送給愛人。

### 材料

鮮蝦 200 克
中筋麵粉 200 克
紅麴粉 4 克
食用油 10 毫升
鹽 2 克
雞粉 1 克
蛋白 1 個
米酒 10 毫升
清水 100 毫升

### 小叮嚀

1. 加紅麴粉時要少量多次加入、慢慢調整顏色，不可一次加入過多，否則蒸出的成品顏色不好看。
2. 餡料可以依據個人喜好選擇。

### 做法

1 在中筋麵粉之中少量多次加入清水，攪拌成絮狀。

2 揉成光滑的麵團，蓋保鮮膜醒15分鐘。

3 蝦去頭尾、去殼，剝出蝦仁，加米酒抓拌去腥。

4 將蝦仁過清水洗淨，吸乾表面水分，剁成蝦漿。

5 加鹽、雞粉、蛋白、食用油，用筷子順一個方向攪出黏性。

6 將麵團取出揉光，分成相同大小的兩塊，其中一塊加入紅麴粉。

7 揉勻，把兩塊麵團蓋保鮮膜醒10分鐘，鬆弛一下。

8 把醒好的麵團搓成圓柱形，切分成大小均勻的小麵團，再擀成薄一些的餃子皮。

9 取4張餃子皮，如照片所示從左至右依次壓一點邊疊放，在中間填上適量蝦漿。

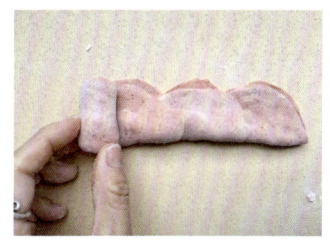

10 將餃子皮向上疊起後沿一端捲起來。

11 最後抹點水收口。

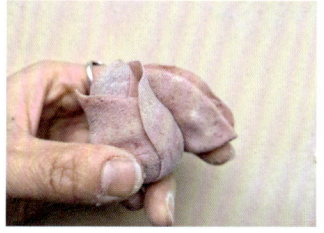

12 以相同方法做好白色玫瑰餃子後，上鍋隔水蒸15~20分鐘即可。

# 健康減脂便當

⏱ 30分鐘　△ 汆、炒、拌
☆ 簡單　◎ 908大卡
✓ 低飽和脂肪

北方的春天太短暫，冬天一過，就感覺夏天來了。只好趁著這麼幾天，把健康的減脂便當做起來，抓緊時間減肥吧。

### 小叮嚀

1. 汆燙去除蘆筍中的草酸，大大縮短了炒製時間，減少了營養成分的流失。蘆筍汆燙寧可欠一些，也不要過。
2. 配料中沒有太多的調味品，為的是能夠吃到食材最本真的味道。
3. 食材可以依個人喜好搭配。

### 材料

| | | | | |
|---|---|---|---|---|
| 雞蛋 2 個 | 鮮蝦 10 隻 | 聖女番茄 8 個 | 苦苣 1 小把 | 櫻花魚鬆粉 適量 |
| 蘆筍 2 根 | 綠花椰菜 60 克 | 胡蘿蔔 30 克 | 橄欖油 20 毫升 | 檸檬和風醬 15 毫升 |
| 米飯 1 碗 | 甜玉米粒 50 克 | 生菜 2 片 | 鹽 2 克 | 黑芝麻、海苔、番茄醬 少許 |

### 做法

1 蔬菜中加入鹽，浸泡後洗淨，瀝乾。

2 鮮蝦洗淨，去殼、去蝦線，剝出蝦仁洗淨，蝦頭留用。

3 胡蘿蔔切成花片，聖女番茄去蒂、對半切開，蘆筍斜刀切段。

4 將雞蛋打入碗中，打散成蛋液備用。

5 戴免洗手套，取適量米飯搓成長條形，做成蝸牛身體形狀。

6 再取適量米飯，加入櫻花魚鬆粉，團成球形，做蝸牛的殼。

7 將生菜鋪在便當盒中，擺上飯糰，用海苔做眼睛和嘴，用黑芝麻和番茄醬裝飾。

8 鍋中水煮滾，放入綠花椰菜、甜玉米粒、蘆筍、胡蘿蔔汆燙30秒，瀝水備用。

9 鍋中倒橄欖油，燒至六成熱，放入蝦頭煎出蝦油，將蝦頭揀出後將蝦仁下鍋煎至變色後盛出。

10 鍋中留底油，倒入蛋液炒散，加入蘆筍、少許鹽翻炒均勻。

11 將汆燙好的蔬菜、蝦仁、聖女番茄和苦苣淋檸檬和風醬拌勻。

12 將蘆筍滑蛋、鮮蝦時蔬沙拉裝進便當盒。

## 日式碎雞飯

好吃到詞窮的日式碎雞飯，其實就是雞肉蓋飯加流心荷包蛋，汁濃飯香，看了就會做，步驟超級簡單，成本也很低。

### 材料

| | | |
|---|---|---|
| 米飯 1 人份 | 海苔絲 適量 | 零卡糖 2 匙 |
| 大雞腿 1 隻 | 白芝麻 少許 | 食用油 少許 |
| 昆布 2 片 | 清酒 1 匙 | 鹽 少許 |
| 柴魚片 1 小把 | 米酒 2 匙 | 黑胡椒 少許 |
| 青蔥 1 根 | 生抽 2 匙 | |
| 雞蛋 1 個 | 蠔油 2 匙 | |

30 分鐘　煮／炒
簡單　467 大卡
低鹽

### 做法

1　雞腿清洗乾淨，去皮、剔骨、切小丁。

2　在雞丁中加鹽、黑胡椒、1匙米酒抓拌均勻，醃製15分鐘。

3　將蠔油、清酒、生抽、米酒、零卡糖調勻成照燒汁。

4　昆布泡發後洗淨，和柴魚片一起放入滾水煮兩三分鐘，過濾。

5　青蔥蔥白部分切蔥花，蔥綠部分切圈備用。

6　鍋中倒油燒熱後將蔥白炒香，放入雞腿肉丁，翻炒至變色。

7　加入調好的照燒汁，翻炒均勻後淋入昆布柴魚片高湯。

8　米飯中間挖個孔，煎個半熟蛋或煮個溫泉蛋放在中央，撒上白芝麻和海苔絲，將雞肉丁鋪上。

### 小叮嚀

❶ 照燒汁當中蠔油、清酒、生抽、米酒、零卡糖按2：1：2：1：2的比例混合。

❷ 不同品牌的生抽和蠔油含鹽量不同，調好後嘗嘗鹹淡，以自己的喜好調整。

❸ 照燒汁中的零卡糖用蜂蜜代替也可以。

# 鮮魷蓋飯

這道蓋飯充滿家的味道。魷魚有嚼勁，透著海苔的鮮、芝麻的香，口感豐富，美味異常。一道簡單的家常料理，在寂寞的夜裡溫暖了廣大吃貨的心。

## 材料

| | | |
|---|---|---|
| 米飯 1 人份 | 青蔥 1 根 | 白芝麻 適量 |
| 小魷魚 4 條 | 米酒 1 匙 | 鹽 少許 |
| 昆布 2 塊 | 零卡糖 5 克 | 米酒 1 匙 |
| 柴魚片 30 克 | 昆布醬油 2 匙 | 食用油 20 毫升 |
| 蒜 2 瓣 | 海苔絲 適量 | |

⏱ 30 分鐘　　♨ 煮
☆ 簡單　　🔥 440 大卡
✓ 低熱量

## 做法

1　魷魚去除眼睛、內臟洗淨，切圈後加鹽和米酒抓拌均勻去腥。

2　蒜去皮、切成蒜片，青蔥切圈備用。

3　昆布用溫水泡發，入滾水煮2分鐘，加入柴魚片再煮2分鐘，過濾出高湯。

4　碗中加入昆布醬油、米酒、零卡糖，攪拌均勻調成醬汁。

5　鍋中倒入油，燒至七成熱時下蒜片爆香，放入魷魚，倒入調好的醬汁。

6　加入昆布柴魚片高湯，大火收汁至濃稠。

7　把魷魚盛出，鋪在米飯上。

8　撒上海苔絲、白芝麻和青蔥圈。

## 小叮嚀

喜歡吃雞蛋的也可以煮一顆傳統的日式溫泉蛋搭配。

# 肥牛蓋飯

一個人在家時,想要為自己準備這樣一份暖暖的肥牛蓋飯,感覺胃也充滿了幸福感。一個人也要好好吃飯。

## 材料

| | |
|---|---|
| 米飯 1 人份 | 蠔油 1 匙 |
| 牛肉捲片 200 克 | 海苔絲 適量 |
| 昆布 10 克 | 白芝麻 適量 |
| 洋蔥 1/2 個 | 零卡糖 少許 |
| 雞蛋 1 個 | 食用油 適量 |
| 日式醬油 1 匙 | |

30 分鐘　炒
簡單　772 大卡
富含蛋白質

## 做法

1　昆布洗淨,用水泡發,泡昆布的水備用。

2　洋蔥切條,放入熱油中爆香。

3　放入牛肉捲片,翻炒至變色。

4　加入適量泡昆布的水,再加入日式醬油、零卡糖和蠔油,翻炒均勻至入味。

5　將炒好的牛肉擺在米飯上。

6　煎個半熟蛋蓋在上面,撒上白芝麻和海苔絲提香。

## 小叮嚀

❶ 炒牛肉時湯汁不要收乾,用湯汁拌米飯更香。
❷ 昆布煮熟後加點味醂和白芝麻,拌成小菜搭配食用。

# 石鍋拌飯

石鍋內放入米飯和菜,再烤到鍋底有一層鍋巴,噴香誘人。厚重的陶鍋保溫效果好,細嚼慢嚥的人不用怕飯菜冷掉。石鍋拌飯材料葷素搭配,營養均衡。

## 材料

| | |
|---|---|
| 米飯 150 克 | 雞蛋 1 個 |
| 鮮香菇 2 朵 | 香油 10 毫升 |
| 櫛瓜 1/2 個 | 熟白芝麻 適量 |
| 菠菜 2 棵 | 韓式辣醬 適量 |
| 洋蔥 1/3 個 | 食用油 20 毫升 |
| 紅椒 1/2 個 | 鹽 適量 |
| 午餐肉 2 片 | 海苔絲 少許 |

30 分鐘　　炒
簡單　　998 大卡
低鹽

## 做法

1　各種配菜洗淨,香菇、櫛瓜切片,洋蔥、紅椒、午餐肉切絲。

2　菠菜洗淨、切段。

3　鍋中倒油燒熱,放入各種蔬菜炒熟,依個人口味添加適量鹽。

4　石鍋中刷一層香油,將米飯壓入石鍋中,均勻鋪上蔬菜,小火加熱至底部結一層鍋巴。

5　準備好韓式辣醬、熟白芝麻、午餐肉。

6　另取一鍋,刷一層薄油燒熱,單面煎一個雞蛋,置於菜上,撒適量熟白芝麻、海苔絲提香。

## 小叮嚀

❶ 拌飯中的配菜可按喜好隨意搭配,宜葷宜素。
❷ 如果沒有石鍋,可以用砂鍋代替。

# 番茄火腿燴蒟蒻米飯

簡單易烹調又好吃的番茄火腿燴蒟蒻米飯，讓愛美的你健康減脂、不節食。

### 材料

| | |
|---|---|
| 蒟蒻米 1 包 | 生抽 10 毫升 |
| 番茄 1 個 | 蠔油 5 毫升 |
| 火腿腸 1/2 根 | 食用油 適量 |
| 青蔥 1 小段 | |

- 10 分鐘
- 炒
- 簡單
- 365 大卡
- 低膽固醇
- 低糖

## 做法

1. 蒟蒻米過清水沖洗幾遍。
2. 番茄清洗乾淨、切滾刀塊，火腿腸切片，蔥白切蔥花，蔥綠切碎備用。 
3. 鍋中熱油，放入蔥花和番茄煸炒出汁。 
4. 倒入蒟蒻米翻炒均勻。 
5. 再加入火腿腸、生抽和蠔油。 
6. 翻炒均勻後加蓋燜2分鐘至湯汁濃郁，裝盤後撒蔥綠提香。 

### 小叮嚀

蒟蒻米可以用米飯代替，味道一樣好。

# 花樣蛋包飯

蛋包飯之所以受歡迎，最重要的就是它超高的顏值。食材豐富、色彩鮮豔、造型百變，可以發揮想像力任意搭配，一定會給你的餐桌帶來許多歡樂和驚喜。

## 材料

| | |
|---|---|
| 米飯 1 碗 | 火腿 50 克 |
| 雞蛋 1 個 | 小黃瓜 1 根 |
| 胡蘿蔔 50 克 | 食用油 適量 |
| 毛豆仁 50 克 | 生抽 15 毫升 |
| 甜玉米粒 50 克 | 雞粉 2 克 |

- 20 分鐘
- 炒、煎
- 簡單
- 474 大卡
- 富含維生素 E

## 做法

1. 胡蘿蔔洗淨、去皮，和火腿都切成小丁。

2. 小黃瓜洗淨、刮成薄片。

3. 雞蛋打入碗中，打散成蛋液。

4. 鍋中熱油，放入時蔬和火腿翻炒均勻。

5. 放入米飯，加雞粉、生抽翻炒均勻。

6. 平底鍋中刷一層薄油，燒熱後將蛋液倒入鍋中，晃動鍋子，攤成蛋皮。

7. 將蛋皮取出鋪平，將炒好的米飯鋪在蛋皮上。

8. 將包好的蛋包飯收口向下，用小黃瓜裝飾成緞帶，可以用胡蘿蔔和火腿切花片點綴。

### 小叮嚀

覺得不好造型的話，可以直接將蛋皮對折，包裹炒好的米飯即可。

# 番茄雞蛋炒「飯」

- 10 分鐘　　炒
- 簡單　　292 大卡
- 低飽和脂肪 | 低糖

以假亂真的番茄雞蛋炒「飯」，簡單又好吃，吃飯而不見米，讓想吃主食的你再不用擔心長胖啦！

## 材料

白花椰菜花 200 克　　食用油 適量
番茄 1 個　　　　　　生抽 15 毫升
雞蛋 1 個　　　　　　青蔥粒 少許

## 做法

1. 白花椰菜切下頂部小花部分，切碎備用。
2. 雞蛋打入碗中，打散成蛋液。 
3. 番茄去皮、切小塊。 
4. 鍋中倒油燒熱後放入白花椰菜炒香。 
5. 淋入蛋液，迅速和白花椰菜一起翻炒均勻，盛出備用。 
6. 將番茄入鍋，炒成番茄醬，再將白花椰菜放進去翻炒。 
7. 加入生抽翻炒均勻。 
8. 裝盤後撒上青蔥粒裝飾。 

## 小叮嚀

1. 加了番茄的炒「飯」口感酸甜開胃。
2. 白花椰菜莖的部分可以另做別道菜，不要浪費。

# 藜麥炒飯

- 40 分鐘
- 蒸、汆、炒
- 簡單
- 1133 大卡
- 低飽和脂肪 | 低膽固醇

藜麥炒飯營養又美味，散發著淡淡的堅果香，搭配各種蔬菜、肉類，口感特別豐富。

## 材料

| | |
|---|---|
| 白藜麥 50 克 | 胡蘿蔔丁 60 克 |
| 白米 150 克 | 鮮蝦 10 隻 |
| 甜玉米粒 60 克 | 橄欖油 20 毫升 |
| 豌豆 60 克 | 鹽 適量 |

## 做法

1. 將白藜麥和白米按1：3的比例混合，洗淨。

2. 上鍋隔水蒸35分鐘，蒸熟（也可用電鍋），打散放涼。

3. 鮮蝦剝殼、去蝦線，豌豆、胡蘿蔔丁、甜玉米粒入滾水汆燙熟。

4. 鍋中倒入橄欖油燒熱，放入蝦仁和蔬菜翻炒至蝦仁變色。

5. 加入蒸熟的藜麥米飯將所有食材翻炒均勻。

6. 加鹽炒勻。

### 小叮嚀

藜麥具有豐富、全面的營養價值，是完美的「全營養食物」，是全球十大健康營養食品之一。藜麥富含多種胺基酸，其中有人體必需的全部九種必需胺基酸，比例適當且易於吸收，尤其富含植物中缺乏的離胺酸。藜麥膳食纖維含量高，膽固醇為零，不含麩質，低脂、低熱量。

# 海苔拌飯

- 🕐 10 分鐘　△ 炒
- ☆ 簡單　☀ 516 大卡
- ✓ 低脂

有剩米飯的都快去做這道海苔拌飯，太好吃了，越嚼越香，和韓式烤肉店裡的一個味。

### 材料

| | |
|---|---|
| 隔夜米飯 1 碗 | 白芝麻 適量 |
| 雞蛋 2 個 | 食用油 適量 |
| 午餐肉 2 片 | 生抽 2 匙 |
| 海苔 3 片 | 蠔油 1 匙 |
| 青蔥粒 少許 | 零卡糖 少許 |

### 做法

1. 雞蛋打入碗中，打散成蛋液。
2. 午餐肉切成1公分左右見方的小丁塊。 
3. 海苔撮碎，加入適量白芝麻。 
4. 鍋中倒油，燒至七成熱時將蛋液迅速劃散，炒成蛋碎，盛出。 
5. 鍋中留底油，放入午餐肉塊煎至金黃，盛出備用。 
6. 不用換鍋，轉小火，加入白芝麻、海苔碎，翻炒至海苔變脆，關火。可以不馬上出鍋，讓海苔在鍋裡再烘一下口感更脆。 
7. 鍋中倒少許油，放隔夜米飯、雞蛋碎、午餐肉和芝麻海苔碎，加入生抽、蠔油、零卡糖炒勻。 
8. 出鍋前可以撒點青蔥粒。 

### 小叮嚀

芝麻海苔碎放涼之後裝進密封罐，包三明治、捲餅、煮粥、做雜糧飯、做沙拉時都可以放一點進去提味。

# 蕎麥涼麵

- ⏱ 10 分鐘
- 🍽 煮、拌
- ☆ 簡單
- ☀ 377 大卡
- ✓ 低糖｜低鹽

當天熱沒胃口時吃碗蕎麥涼麵最適合不過啦，搭配低卡低脂的配菜，好吃還不胖，很適合減脂期吃喔！

## 材料

蕎麥麵 60 克
小黃瓜 1/2 根
胡蘿蔔 1/2 根
雞蛋 1 個
蟹味棒 1 根
香菜 1 根
檸檬和風醬（或油醋汁）3 匙

## 做法

1. 小黃瓜、胡蘿蔔刮少許薄片，其餘切絲。雞蛋打散成蛋液，煎成蛋皮，切絲。香菜切小段。蟹味棒撕成條。

2. 將鍋中水煮至微滾，放入蕎麥麵，煮熟後撈出，過涼水備用。

3. 將煮好的蕎麥麵放入大碗中，加入配菜和檸檬和風醬拌勻。

4. 將拌好的蕎麥涼麵捲成捲狀之後裝盤。

## 小叮嚀

可以依個人口味加點辣椒。

# 朝鮮冷麵

- 🕐 40 分鐘
- ⌒ 煮
- ☆ 簡單
- ◎ 919 大卡
- ✓ 低飽和脂肪

很多人都特別喜歡吃朝鮮冷麵，還得是帶碎冰的那種。細滑的麵，酸甜的湯，佐以經典牛肉湯、爽口的辣白菜、入味的牛肉片、白潤細膩的水煮蛋，一口爽進心裡。炎炎夏日吃上這樣一碗冰涼爽滑的朝鮮冷麵，真是又開胃又消暑，只需一口就上頭。

## 材料

乾冷麵 150 克
熟牛肉 1 塊
牛肉湯（或礦泉水）1 大碗
梨 1 個

小黃瓜 1 根
水煮蛋 1 個
辣白菜 適量
番茄 1 個

鮮味露 2 匙
零卡糖 3 匙
蘋果醋 3 匙
韓式辣醬 1 匙

雪碧 適量
鹽 適量
熟白芝麻 少許

冰塊 適量
純淨水 適量

## 做法

1  乾冷麵用純淨水浸泡20分鐘，用手搓散。

2  熟牛肉、番茄切片，小黃瓜、辣白菜切絲備用。

3  梨切片後倒入少許熱水，蓋過梨片靜置片刻，讓梨汁充分散發到水裡面。

4  在冷卻的梨水裡加鮮味露、蘋果醋、鹽和零卡糖，調成冷麵汁。

5  依據個人口味加入適量雪碧、牛肉湯（或礦泉水）稀釋成一大碗冷麵湯，在冰箱裡冷藏。

6  鍋中水煮滾之後放入泡好的冷麵，邊煮邊用筷子把冷麵攪散。煮至冷麵變得透明後撈出，放入加有冰塊的水中。

7  將冷麵瀝乾，裝入碗中。擺上番茄片、小黃瓜絲、牛肉片、辣白菜、韓式辣醬和水煮蛋。

8  淋上調好的冰鎮冷麵湯，放入幾顆冰塊，撒上熟白芝麻。

## 小叮嚀

❶ 做好的冷麵湯要在冰箱裡冷藏一晚，待所有味道慢慢融合在一起，拿出來享用的味道才是最好的。湯汁可以一次做好一大瓶，放在冰箱裡儲存，想吃的時候隨時拿出來。
❷ 蘋果醋和零卡糖可以是1：1的比例，比例不能懸殊，要不然就不好吃了。
❸ 稀釋過後的冷麵湯如果口味偏淡，可以再次調入糖和蘋果醋，醬油切記不要再放了，如果覺得不夠鹹可以稍微撒一點鹽。
❹ 冷麵烹煮的時間千萬不要過長，那樣口感不好還容易斷。

# 芝麻醬蕎麥麵皮

- 10 分鐘　　煮、拌
- 簡單　　　716 大卡
- 高鈣

真的想把芝麻醬蕎麥麵皮推薦給所有減肥的朋友。吃了一口就停不下來了，加了紅油辣椒味道更絕。

### 材料

| | |
|---|---|
| 蕎麥麵皮 2 塊 | 芝麻醬 100 克 |
| 香辣花生米 50 克 | 生抽 2 匙 |
| 小黃瓜 1 根 | 清香米醋 1 匙 |
| 香菜 1 根 | 白芝麻 少許 |

### 做法

1. 蕎麥麵皮用滾水泡開。
2. 小黃瓜切絲，香菜切小段。 
3. 將芝麻醬、生抽、清香米醋、白芝麻攪拌均勻，調成醬汁。 
4. 蕎麥麵皮瀝水，淋入醬汁拌勻，擺上小黃瓜、香菜、花生米，可依據個人口味加辣椒醬。 

### 小叮嚀

1. 如果芝麻醬很乾，可以先加入適量涼開水攪拌均勻。
2. 醬汁中可以依據個人口味加入適量鹽。
3. 泡好的蕎麥麵皮過一下涼開水，口感更好。

# 番茄義大利麵配蒜香牛肉粒

帶有濃郁黑椒香的牛肉，入口後又有迷人的蒜香，讓人口舌生津，一口又一口的享受這佳餚帶來的美好時光。

### 材料

穀飼雪花牛排 1 塊
義大利麵 100 克
番茄 1 個
蒜 1 球
橄欖油 30 毫升

黑椒牛排醬 15 克
海鹽黑胡椒 1 克
羅勒碎 少許
鹽 少許

30 分鐘　煮、煎、炒
簡單　617 大卡
低膽固醇　低鹽

### 做法

1. 將解凍好的牛排用廚房紙吸乾滲出表面的血水，切成2公分見方的塊，蒜去皮。

2. 將牛肉加海鹽黑胡椒和黑椒牛排醬抓拌均勻，醃製15分鐘。

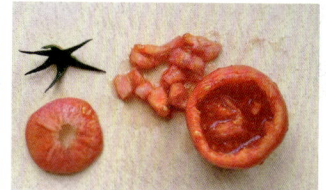

3. 番茄洗淨，切去上蓋，挖出番茄肉備用。

4. 義大利麵放入滾水中煮8～10分鐘，煮好後撈出。

5. 鍋中加入橄欖油，將蒜瓣中小火煎至表面金黃後盛出，再盛出一部分蒜油備用。

6. 將醃好的牛肉大火翻炒至變色，加入煎好的蒜瓣大火翻炒均勻。

7. 另取一鍋，加入蒜油，放入番茄肉，加鹽炒成番茄醬。

8. 放入煮好的義大利麵翻炒均勻，裝盤後撒上羅勒碎增香。

### 小叮嚀

❶ 冷凍牛排連同包裝袋一起放在冰箱冷藏室中慢慢解凍，一般需放置12～24小時。雖然此方法需要的時間較長，但是肉汁流失比較少。

❷ 橄欖油更能激發出牛肉本身特有的香味。

# 香菇雞蛋炸醬麵

⏱ 20 分鐘　　△ 炒、煮
☆ 簡單　　　　◎ 1526 大卡
✓ 營養均衡

香菇炸醬不管是下飯吃還是用來當麵條的拌料，都非常鮮美，備一些擱在冰箱裡，不想煮菜時拿它拌個麵，拌個飯，都相當舒坦。

### 材料

豆瓣醬 2 匙　　　雞蛋 3 個　　　　　　胡蘿蔔 1/2 根　　　　　蔥白 1 段
甜麵醬 3 匙　　　鮮麵條 200 克　　　萵筍（Ａ菜心）1/2 根
香菇 5 個　　　　花生米 30 克　　　　食用油 30 毫升

### 做法

1　萵筍、胡蘿蔔去皮、切絲。

2　香菇洗淨、切小丁，蔥白切蔥花備用。

3　熱鍋冷油放入花生米，不停晃鍋，小火炒至外皮開裂，瀝油，放涼後去皮、搗碎。

4　鍋中留底油，燒至七成熱，倒入打散的蛋液，用筷子快速劃散炒成雞蛋碎，盛出。

5　鍋底留適量油，放入一半蔥花炒出香味，加甜麵醬、豆瓣醬混合均勻，炒香後加入香菇炒勻。

6　加入適量水，中小火煮開，加入雞蛋碎和花生碎翻炒均勻。

7　離火加入另一半蔥花，利用餘溫將蔥花燜熟，香菇雞蛋炸醬就做好了。

8　另取一個鍋子煮麵。將煮好的麵條過涼開水，盛入碗中，擺上配菜，拌上香菇雞蛋炸醬，可撒少許青蔥圈裝飾。

### 小叮嚀

❶ 煮麵的水要多一些，放少許鹽，這樣麵煮的時候不會黏在一起。

❷ 麵不要煮得太爛，點三次水就可以了，保持有一點點生，有咬勁最好吃。麵條煮好後用涼開水沖掉麵糊，這樣才爽滑好吃。

# 海鮮蒟蒻烏龍麵

- 10 分鐘　煮
- 簡單　262 大卡
- 富含蛋白質 ｜ 低糖

海鮮蒟蒻烏龍麵味道鮮美、營養豐富，簡單調個湯底，真是健康又方便製作。

## 材料

| | |
|---|---|
| 蒟蒻烏龍麵 1 袋 | 海苔絲 少許 |
| 鮮蝦 3 隻 | 柴魚片 1 小把 |
| 魚丸 2 個 | 昆布醬油 2 匙 |
| 綠花椰菜 2 朵 | |

## 做法

1. 鍋中水煮滾，放入蒟蒻烏龍麵煮3分鐘。
2. 放入鮮蝦、魚丸和綠花椰菜，燙至斷生後一起撈出。 
3. 另取一鍋，將水煮沸，加入昆布醬油、柴魚片調個湯底。 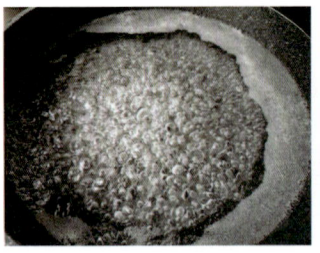
4. 將湯底倒入碗中，盛入蒟蒻烏龍麵，擺上蝦、魚丸和配菜，撒上海苔絲。 

## 小叮嚀

1. 海鮮可以依據個人喜好隨意搭配。
2. 蒟蒻烏龍麵熱量低，飽腹感強。

輕湯飲

# 山藥玉米排骨湯

- ⏱ 60 分鐘
- △ 炒、汆、煮
- ☆ 簡單
- ◎ 800 大卡
- ✓ 低飽和脂肪 | 富含鐵

湯濃味美的山藥玉米排骨湯，養生就喝它，山藥粉糯、胡蘿蔔清甜、玉米嫩嫩的，太好喝啦。

## 材料

| 肋排 2 根 | 胡蘿蔔 1 段 | 薑 1 塊 | 米酒 1 匙 |
| --- | --- | --- | --- |
| 玉米 1 根 | 紅棗 7 顆 | 青蔥 1 根 | 鹽 適量 |
| 山藥 1 根 | 蔥白 1 段 | 食用油 適量 | |

## 做法

1 肋排切小段，洗淨，冷水浸泡半小時。

2 山藥去皮、切滾刀塊，玉米切段，胡蘿蔔切花片。

3 薑切片，青蔥蔥白切段，蔥綠切蔥花。

4 鍋中倒水，放入蔥白和3片薑，排骨冷水下鍋，加米酒汆燙3～5分鐘，撈出洗淨。

5 砂鍋中倒入適量油，放入青蔥段和薑片爆香。

6 放入排骨翻炒片刻。

7 加入足量的熱水或把汆燙排骨的湯過濾後加入，大火煮開後轉小火，加蓋煮30分鐘。

8 加入玉米和紅棗，中小火煮20分鐘。

9 最後放入山藥和胡蘿蔔煮熟。

10 出鍋前加鹽調味，上桌後撒上蔥花。

### 小叮嚀

❶ 山藥中含有一種黏蛋白，能夠保護人體的心腦血管，並且減少血栓的形成，從而達到降血脂的作用。

❷ 玉米中含有豐富的卵磷脂，能夠提高大腦的記憶力，從而延緩衰老。

❸ 排骨中富含肌胺酸，能夠為機體提供能量，增強體力。

# 蓮藕脊骨湯

- 90 分鐘
- 汆、煮
- 簡單
- 820 大卡
- 低脂 | 富含鐵 | 低膽固醇

蓮藕脊骨湯是一道大家經常做的家常養生湯，營養豐富、口感清爽，能清熱解毒、滋補身體。

### 材料

| | |
|---|---|
| 蓮藕 1 節 | 蔥白 1 段 |
| 脊骨 3 塊 | 鹽 適量 |
| 枸杞子 7 個 | 溫水 適量 |
| 薑 1 塊 | 米醋 少許 |

### 做法

1. 蔥白切小段，薑切片。
2. 蓮藕洗淨、去皮，切滾刀塊，過幾遍水洗去澱粉。 
3. 把洗淨的脊骨汆燙，汆燙至脊骨表面變白後撈出。 
4. 放入砂鍋，加溫水和少許米醋煮開，轉小火煨燉。 
5. 加入蓮藕、蔥白、薑、枸杞子和足量的水，先大火煮開滾再轉中小火，加蓋煮1～1.5小時。 
6. 起鍋前放鹽，盛出後可撒青蔥圈裝飾。 

### 小叮嚀

1. 醋能使骨頭裡的磷、鈣溶解到湯內，這樣煲出的湯不僅味道更鮮美，而且更有利於人體吸收。
2. 熬製骨頭湯時，中途不要往鍋中加冷水，這樣不僅影響湯中的營養，而且也影響湯味的鮮香程度。
3. 不要過早放鹽，否則會加快蛋白質的凝固，肉質變老變硬，影響湯的鮮美。

# 泡菜五花肉豆腐湯

- 30 分鐘　炒、煮
- 簡單　1252 大卡
- 低膽固醇 | 低糖

一道非常簡單的開胃暖湯，天冷了吃這種湯湯水水的暖鍋，真是太滿足了。

## 材料

| | |
|---|---|
| 去皮五花肉 100 克 | 青椒 1 個 |
| 板豆腐 1 塊 | 洋蔥 1/4 個 |
| 韓式泡菜 150 克 | 魚露 2 匙 |
| 韓式辣醬 2 匙 | 零卡糖 適量 |
| 蒜 3 瓣 | 食用油 適量 |
| 蔥白 1 段 | |

## 做法

1. 洋蔥切條，蔥白、青椒斜刀切段，蒜去皮、切成蒜末。
2. 板豆腐切片。 
3. 五花肉切薄片。 
4. 鍋中倒入少許油，放入五花肉片，小火煎至表面微焦，煎出多餘油脂後盛出。 
5. 不用換鍋，加入洋蔥、蒜末和一部分蔥白煸炒。 
6. 加入煸好的五花肉和韓式泡菜繼續煸炒。 
7. 加入韓式辣醬、零卡糖和魚露翻炒勻。 
8. 加入清水滾開，再將豆腐放入鍋中煮15分鐘，最後加入青椒和剩餘蔥白。 

### 小叮嚀

魚露可用鮮味露和糖代替。

# 金湯鮮蝦豆腐

天氣冷的時候特別想吃暖鍋,溫暖、療癒,做起來簡單,吃起來滿足。滑嫩的豆腐、鮮嫩的蝦仁、甜糯的南瓜,組合在一起味道十分鮮美,最主要的是碗都能少刷一個。

### 材料

| | |
|---|---|
| 貝貝南瓜 1 個 | 米酒 1 匙 |
| 嫩豆腐 1 盒 | 鹽、雞粉 適量 |
| 鮮蝦 10 隻 | 食用油 適量 |
| 豌豆 60 克 | 太白粉水 少許 |

30 分鐘　蒸、炒、煮
簡單　　　1007大卡
0 膽固醇　低飽和脂肪

### 做法

1 貝貝南瓜清洗乾淨,用刀切下頂蓋。

2 南瓜去瓤,挖出一部分瓜肉放在盤中,做成碗狀,上鍋隔水蒸 15～20 分鐘。

3 將南瓜頂蓋和南瓜碗稍放涼,將南瓜肉用湯匙搗成泥。

4 嫩豆腐切小塊。

5 鮮蝦洗淨,去頭、蝦線和殼,頭留用。加米酒抓勻,醃製去腥。

6 鍋中倒油燒熱,蝦頭炒出蝦油後加水煮出鮮味,揀出蝦頭。

7 將煮好的湯移入砂鍋,加入南瓜泥、嫩豆腐、豌豆、蝦仁,加鹽和雞粉。

8 大火煮開後再煮 10 分鐘。加太白粉水增加濃稠感。關火後盛入南瓜碗中。

### 小叮嚀

注意太白粉水寧少勿多,多了就成糊了。

# 蛤蜊冬瓜湯

- 20 分鐘　炒、煮
- 簡單　386 大卡
- 低熱量｜低脂｜富含鐵

清爽的湯最適合天氣熱時喝，這款湯超級鮮美，冬瓜又清熱解暑，而且做法超級簡單。

## 材料

| | |
|---|---|
| 蛤蜊 500 克 | 香菜 1 根 |
| 冬瓜 500 克 | 鹽 適量 |
| 薑 3 片 | 香油 2 毫升 |
| 青蔥 1 根 | 食用油 15 毫升 |

## 做法

1. 蛤蜊在鹽水中浸泡吐沙後清洗乾淨。
2. 青蔥切段，香菜切小段備用。 
3. 冬瓜去皮、切片。 
4. 將蛤蜊冷水下鍋，水滾、蛤蜊開口後關火，把蛤蜊撈出。 
5. 蛤蜊湯過濾到大碗中。 
6. 鍋中加入油燒熱，放入蔥、薑爆香，放入冬瓜翻炒。 
7. 加入蛤蜊湯，燒開後煮3分鐘，加鹽。 
8. 倒入蛤蜊，淋香油，起鍋前撒上香菜段。 

### 小叮嚀

冬瓜過一下油，做出來的湯更好喝。冬瓜易熟，所以烹煮時間不宜過久。

133

# 薏米山藥鯽魚湯

⏱ 50分鐘　　△ 煎、煮
☆ 簡單　　◎ 438大卡
✓ 低飽和脂肪 | 富含鐵

鯽魚肉質細嫩，富含蛋白質和礦物質。薏米、山藥可以調理脾胃。這道薏米山藥鯽魚湯真可謂強強聯手，和胃祛濕又健脾，守護你的健康。

## 材料

鯽魚 2 條
薏米 50 克
山藥 100 克
青蔥 2 根
薑 3 片
枸杞子 10 顆
米酒 1 匙
鹽、白胡椒粉 少許
食用油 適量

## 做法

1. 鯽魚去鱗、鰭和鰓，把腹部黑膜和血水洗淨，刮除表面黏液，兩面切一字花刀。

2. 薏米洗淨，浸泡2小時以上。枸杞子洗淨、泡發。

3. 青蔥打成蔥結，取一部分切青蔥圈。

4. 山藥去皮、切片。

5. 起油鍋燒熱，放入薑片煎出香味，放入鯽魚煎至兩面微黃。

6. 加入開水、蔥結、米酒和薏米，大火煮滾，轉中小火煮30分鐘。

7. 加入山藥片和枸杞子後再燉5～10分鐘。

8. 最後加鹽和白胡椒粉，撒上青蔥圈，可加少許香菜提味。

## 小叮嚀

❶ 魚可以先請魚販幫忙處理乾淨。

❷ 煎魚時鍋裡放一點鹽，可以防止煎破魚皮。下鍋之後不要馬上翻動，待一面完全定形後再煎另一面。

❸ 加入滾水熬出來的鯽魚湯才能夠呈奶白色。

# 清湯雞肉丸子

🕐 30 分鐘　△ 煮
☆ 簡單　◎ 633 大卡
✓ 富含蛋白質 | 低脂 | 低糖

湯鮮味美不長胖是這道湯的重點,口感嫩滑,丸子有彈性,一鍋不夠喝。

## 材料

雞胸肉 500 克
香菜 1 根
高湯 2 碗

青蔥 1 根
薑 2 片

鹽、雞粉、白胡椒粉 適量

蛋白 1 個
香油 少許

## 小叮嚀

鍋中多倒些水,水微滾時下丸子,丸子才能不散不破。

## 做法

1 青蔥切段,薑切絲。

2 香菜洗淨,切小段。

3 蔥、薑泡水,用力擰出蔥薑汁。

4 雞胸肉剔除筋膜,切成2公分左右見方的塊狀,放入絞肉機中,加入蔥薑水。

5 加入適量鹽、雞粉、白胡椒粉,打成細膩的肉泥。

6 將肉泥盛出,加入蛋白,沿一個方向攪打出黏性。

7 鍋中多倒些水,煮至微微起泡(切記不要煮沸)。

8 用湯匙將肉泥挖成小球入鍋。

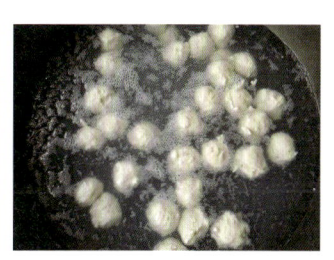

9 水微滾的狀態將所有丸子煮至浮起。

10 煮熟的丸子撈出過涼水。

11 另取一砂鍋,加入高湯煮沸,放入丸子。

12 加鹽、雞粉,淋入香油,再次煮沸後關火,撒上香菜段。

# 菌菇土雞湯

- 40 分鐘　△ 煮
- ☆ 簡單　◎ 1235 大卡
- ✓ 低脂｜富含膳食纖維

特別滋補養生的菌菇土雞湯，雞湯沒有腥味，而且菌香濃郁，趕緊試做一下吧。

## 材料

| | |
|---|---|
| 三黃土雞 1 隻 | 巴西蘑菇 3 個 |
| 薑 1 塊 | 紅棗 4 顆 |
| 青蔥 1 根 | 枸杞子 7 顆 |
| 金針菇 1 小把 | 米酒 1 匙 |
| 蟲草花 1 小把 | 鹽 適量 |
| 茶樹菇（柳松菇）1 小把 | |

## 做法

1. 薑切片，青蔥打結。各種菌菇洗淨、浸泡。
2. 將處理乾淨的雞冷水下鍋，加薑片、蔥結、米酒，汆燙後撈出。 
3. 汆燙好的雞轉入砂鍋中，加入蟲草花以外的各種菌菇。泡發菌菇的水過濾後倒入砂鍋中。 
4. 大火煮開後加紅棗、枸杞子和蟲草花，加蓋小火燜30分鐘。起鍋前加鹽，可用青蔥粒點綴。 

## 小叮嚀

將處理乾淨的雞冷水下鍋，加薑片、蔥結和米酒能更好的去腥增香。

# 三鮮菌菇湯

菌菇湯具有多重營養，是冬季養生暖胃必備菜式。這道三鮮菌菇湯做法非常簡單，5分鐘就能搞定。湯濃鮮美的三鮮菌菇湯，好喝不長胖，趕緊學做起來吧。

### 材料

| | |
|---|---|
| 鮮蝦 100 克 | 午餐肉 2 片 |
| 巴西蘑菇 3 個 | 雞蛋 1 個 |
| 香菇 2 個 | 木耳 7 朵 |
| 海鮮菇（白精靈菇）、 | 青蔥末 5 克 |
| 雪白菇各 50 克 | 高湯 1 大碗 |
| 金針菇 1 小把 | |

- 25分鐘
- 汆、煮
- 簡單
- 484 大卡
- 低飽和脂肪 ｜ 低鹽 ｜ 富含鐵

### 小叮嚀

菌菇汆燙一下水去除草酸。

### 做法

1 鮮蝦去頭尾、去殼，剝出蝦仁，開背去蝦線。

2 巴西蘑菇、木耳泡發後洗淨。

3 其他菌菇洗淨、瀝乾水分。

4 雞蛋打散成蛋液，鍋中刷上薄薄一層油，燒熱後淋入蛋液，晃動鍋子，攤成蛋皮。

5 鍋中加水煮滾，放入海鮮菇、雪白菇、金針菇汆燙1分鐘後撈出瀝水。

6 香菇切片，午餐肉切條，蛋皮切條。在高湯中放入以上所有食材，大火煮3分鐘，起鍋前撒青蔥末。

# 豆腐丸子青菜湯

大魚大肉後，青菜湯是最好的選擇，隨手捏幾個豆腐丸子，簡單又方便。這一清二白的湯水，營養和味道剛剛好。

## 材料

五花肉餡 150 克
板豆腐 100 克
雞蛋 1 個
蔥薑末 適量
十三香粉 2 克
鮮味露 15 毫升

鹽、雞粉 適量
香油 5 克
青菜 3～5 棵
高湯（或清水）適量
食用油 適量

- 30 分鐘
- 簡單
- 低糖
- 炸、煮
- 1128 大卡

## 做法

1. 豆腐用蒜臼搗碎。

2. 在五花肉餡中加入蔥薑末、鮮味露、十三香粉、鹽、雞粉、香油和雞蛋。

3. 順一個方向攪拌出黏性，筷子立在肉餡中不倒。

4. 在肉餡中加入豆腐碎，繼續順一個方向攪拌均勻（可依個人喜好添加適量玉米粉）。

5. 鍋中倒油，燒至五成熱，用湯匙蘸一下水，挖出丸子入鍋。

6. 中小火炸至丸子外表挺實、金黃後撈出瀝油。

7. 另取一砂鍋，加入適量高湯，加入炸好的豆腐丸子，煮開。

8. 放入洗淨的青菜，煮至斷生，起鍋之前依據個人口味添加適量的雞粉。

### 小叮嚀

有空時可以多做一些豆腐丸子，以後做燴菜、焦溜丸子都方便。

# 時蔬豆腐湯

手工作坊做的豆腐，緊實細膩，或炒或燉，味道都很棒。配上新鮮的時蔬煮成湯，營養豐富，味道鮮美。

## 材料

番茄 1 個
木耳 10 朵
午餐肉 2 片
鴻喜菇、海鮮菇（白精靈菇）各 100 克
胡蘿蔔 1 段
豆腐 1 塊
雞蛋 1 個
香菜 1 根
鮮味露 1 匙
蠔油 1 匙
高湯 1 大碗
食用油 適量
香油 1 小匙
鹽 適量

20 分鐘 | 炒、煮
簡單 | 906 大卡
富含鐵 | 低飽和脂肪

## 做法

1. 木耳泡發、洗淨。

2. 午餐肉切絲，豆腐切小塊，胡蘿蔔切小丁，番茄切塊，香菜切末。

3. 鍋中倒適量油，燒熱後放入番茄煸炒出汁。

4. 加入木耳、菌菇、胡蘿蔔、午餐肉炒香。

5. 加入高湯大火煮滾。

6. 放入豆腐，調入鮮味露和蠔油。

7. 再次煮滾後淋入打散的蛋液，淋香油，加鹽。

8. 出鍋後撒上香菜末。

### 小叮嚀

如果沒有高湯，可以用清水代替。

# 韓式大醬湯

喜歡韓式大醬湯，因為它食材豐富、營養均衡。多食大醬，還能促進消化。

### 材料

五花肉 6 片　　　　黃豆芽 適量
花蛤 20 隻　　　　 尖椒 適量
豆腐 100 克　　　　洋蔥 適量
櫛瓜 100 克　　　　蒜 2 瓣
馬鈴薯 100 克　　　大醬 3 匙
金針菇 適量　　　　韓式辣醬 2 匙

- 20 分鐘
- 簡單
- 低膽固醇
- 汆、炒、煮
- 662 大卡

### 做法

1 櫛瓜洗淨、切圓片，馬鈴薯去皮、切丁，洋蔥切絲，尖椒切段，蒜切末，豆腐切小塊。

2 將豆腐放入淡鹽水之中浸泡15分鐘。

3 鍋中水煮滾後將花蛤汆燙至開口，立刻撈出。汆燙花蛤的湯過濾後備用。

4 鍋裡放少許油，油熱後將五花肉片炒變色後加入洋蔥絲爆香，洋蔥變軟後一起盛出。

5 把花蛤湯大火煮滾後轉中火，加入大醬，再次煮開。

6 加入豆腐、馬鈴薯、黃豆芽。

7 湯再次煮滾後放入櫛瓜、金針菇、花蛤、五花肉和洋蔥。

8 加入韓式辣醬、尖椒和蒜末，中小火煮幾分鐘後關火。

### 小叮嚀

1. 花蛤買回來後放在水中靜置最少半天，這樣雜質吐得更乾淨。
2. 五花肉一定要炒老一些，不然煮後會覺得膩。

# 海參小米粥

- ⏱ 30 分鐘　🍲 汆、煮
- ☆ 簡單　🔥 1028 大卡
- ✓ 富含維生素 E ｜富含蛋白質

一碗海參小米粥，看似平常、簡單，裡頭卻大有乾坤，可以補充一天的營養。吃一口，香濃、滑潤、清爽。

## 材料

| | |
|---|---|
| 小米 200 克 | 枸杞子 少許 |
| 海參 4 個 | 米酒 1 匙 |
| 青江菜心 4 棵 | 高湯 1 大碗 |
| 薑 1 塊 | 鹽 適量 |
| 大蒜苗 1 段 | |

## 做法

1. 海參泡發，去內臟，清理乾淨內壁上附著的筋。
2. 小米清洗兩遍，用清水浸泡。 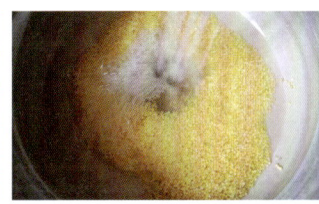
3. 薑一部分切片，一部分切成細絲，大蒜苗切兩段備用。 
4. 鍋中水煮沸，放入洗淨的青江菜心汆燙至斷生後撈出瀝水。 
5. 另起一鍋，水煮滾之後加入蔥段、薑片，放入泡發的海參，加入米酒汆燙兩三分鐘後撈出。 
6. 砂鍋中放入泡好的小米，加入高湯，大火煮滾後加入薑絲。 
7. 加蓋，小火燜煮20分鐘後加入枸杞子和鹽。 
8. 放入汆燙好的海參，大火煮2分鐘後關火，盛出後放上青江菜心和枸杞子。 

### 小叮嚀

1. 海參可以切片，也可以整個放入。
2. 海參小米粥能夠提供人體所需胺基酸，能幫助調節免疫力、增強體質。

# 滋補銀耳蓮子羹

寒氣正深處，方見暖意濃。這一道銀耳蓮子羹溫和滋補，驅寒養胃，寒冬喝一碗正當時。

### 材料

新鮮銀耳 6 克　　枸杞子 12 顆
蓮子 20 顆　　　冰糖 10 克
若羌灰棗（或紅棗）4 顆　　水 適量

⏱ 30 分鐘　　🍲 煮
☆ 簡單　　🔥 182 大卡
✓ 低熱量 ｜ 低糖 ｜ 0 膽固醇

### 小叮嚀

冰糖的量可以依據個人口味添加。

### 做法

1. 棗去核，切成棗圈。

2. 蓮子、枸杞子洗淨、泡發。

3. 將棗圈和蓮子、枸杞子放入砂鍋中。

4. 加入新鮮銀耳和適量水，大火煮滾後轉中小火。

5. 繼續煮15分鐘至膠質濃稠，加入冰糖，轉小火繼續煮兩三分鐘至冰糖化開。

6. 盛出即可。

# 雜糧米糊

- ⏰ 20 分鐘
- 🍳 煮、攪拌
- ☆ 簡單
- ☀ 162 大卡
- ✓ 低熱量 ｜ 低脂 ｜ 低糖

現在人們飲食追求天然、健康，粗糧、雜糧受到了更多人關注。把雜糧搭配各種堅果打成米糊，不僅味道好，而且比煮粥還要方便，食材研磨成漿後也更有利於人體吸收。

## 材料

穀物雜糧 30 克
紅棗 3 顆
飲用水 適量

## 做法

1. 紅棗洗淨，去核後切成片。
2. 將穀物雜糧放入攪拌杯中，加入棗片。
3. 倒入適量水，不要超過杯內的最大水位線。
4. 打成米糊。

## 小叮嚀

可以依據個人口味添加核桃、芝麻、枸杞子等。

# 酸梅湯

氣溫飆升，身上不免有些倦意。有什麼飲料可以又解渴又消暑又提神呢？試試這道生津解渴的酸梅湯吧。

### 材料

烏梅 50 克
山楂 20 克
洛神花 10 克
甘草 3 克
陳皮 30 克

桑葚 10 克
桂花 5 克
冰糖 100 克
飲用水 4 升

50 分鐘　煮
簡單　303 大卡
低熱量｜低脂

### 小叮嚀

全部食材可從藥材行購入。

## 做法

1. 將桂花、冰糖、飲用水外的所有食材用清水洗一遍。

2. 放入紗布袋，這樣煮出來的酸梅湯不用過濾。

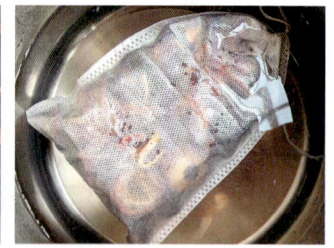

3. 將袋子放入鍋內，加入飲用水，浸泡1小時。

4. 大火煮滾。

5. 加蓋，轉小火繼續煮40分鐘。

6. 快出鍋時放入冰糖和桂花。

# 鳳梨喳喳

- 🕐 30 分鐘
- ☆ 簡單
- 低脂
- 榨
- 122 大卡

這一杯夏日特調冷飲鳳梨喳喳，顏色剛剛好，味道剛剛好，酸酸甜甜，好似愛情的味道，你心動了嗎？

### 材料

| | |
|---|---|
| 鳳梨 200 克 | 薄荷葉 適量 |
| 無糖雪碧 適量 | 冰塊 適量 |

### 做法

1. 將鳳梨切塊，可以在鹽水中浸泡幾分鐘，留一塊作裝飾。
2. 把泡好的鳳梨放入杯中，碾壓出果汁。
3. 杯中放入適量冰塊，倒入無糖雪碧。 
4. 加入鳳梨塊和薄荷葉裝飾。 

### 小叮嚀

1. 鳳梨蛋白酶等物質對皮膚以及口腔黏膜都有一定刺激性，淡鹽水可以抑制鳳梨蛋白酶的活力，還能使一部分有機酸分解，使鳳梨的味道顯得更甜。
2. 依據個人口味還可以萃取一杯咖啡液，倒入飲料之中享用。

# 梅子綠茶

- 🕐 5分鐘
- ⌂ 泡
- ☆ 簡單
- ○ 4大卡
- ✓ 低脂

高溫天氣，把泡好的梅子綠茶放入冰箱冷藏後拿出來飲用，會感覺特別清爽，去火、生津，還能有效防止中暑。

### 材料

| 話梅 2 顆 | 開水（88℃）300 毫升 |
| 綠茶包 1 袋 | 零卡糖 1 克 |

## 做法

1. 將綠茶包放入杯中，注入熱開水。水量剛能夠把茶包浸濕即可，輕輕搖晃茶包後將水倒掉，洗茶。

2. 在杯中放入話梅，放入洗好的茶包。

3. 倒入開水，來回上下提拉茶包幾次，靜置3分鐘。

4. 依據個人口味加入零卡糖。將茶包取出，再浸泡片刻，等話梅泡發後即可飲用，放入冰箱冷藏後口感更好。

### 小叮嚀

1. 泡綠茶，水溫要在88℃左右為宜，水溫一高，就會把茶湯泡出別的顏色，口感苦澀，香氣沉悶。
2. 梅子綠茶的風味好壞，話梅相當關鍵。夠酸夠鹹的話梅，泡出的梅子綠茶才夠味。

# 薄荷西瓜清涼飲

碳酸飲料喝多了會流失鈣質，而且還會長胖。一口就能擊退所有燥熱的薄荷西瓜清涼飲才和夏天更配，快來享受這無與倫比的爽快吧。

### 材料

西瓜 1/2 個　　碎冰 適量
薄荷葉 3～5 片　　飲用水 適量

### 小叮嚀

薄荷裡含有薄荷醇等因子，會讓皮膚產生清涼的感覺，具有消炎鎮痛、止癢解毒和疏散風熱等作用。飲用含有薄荷成分的飲料能興奮大腦，促進血液循環和新陳代謝。

- 5 分鐘
- 榨
- 簡單
- 235 大卡
- 低熱量　低脂

### 做法

1. 將一部分西瓜肉挖成小球。
2. 剩下的西瓜挖出瓜瓤，去籽。 
3. 將去籽的西瓜肉放入攪拌杯中，加幾片薄荷葉。 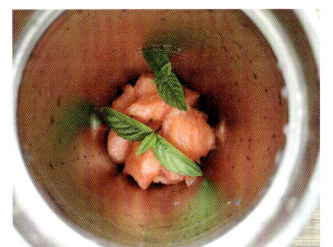
4. 加水打汁後倒入杯中。 
5. 在果汁裡加點碎冰。 
6. 再放入西瓜球，插上一片薄荷葉裝飾。

# 蔓越莓冰爽檸檬水

夏日氣溫高,出汗多,人體水分流失快,一定要多補水才行。這款自製低卡解暑飲料,只需要把蔓越莓冰和蘇打水(或任何你喜歡的飲料、優酪乳)倒在一起就好啦,簡單吧,天熱的時候來上一口,那感覺真是太奇妙了。

5分鐘 | 榨
簡單 | 126大卡
低脂 | 低熱量

### 材料

| 蔓越莓 100克 | 檸檬 2片 |
|---|---|
| 蘇打水 適量 | |

### 做法

1 將蔓越莓洗淨。

2 將蔓越莓放入榨汁杯中,加蘇打水,打一杯細膩的鮮果汁。

3 將果汁倒入矽膠模具中,放入冰箱冷凍4小時以上。

4 另取一玻璃杯,倒入蘇打水,放入檸檬片,加入冰凍好的蔓越莓冰磚,可加小葉子裝飾。

### 小叮嚀

1. 自己喜歡哪種水果就用哪種水果榨汁,但要注意先將果肉切小塊,再榨汁。
2. 依據個人口味加入蘇打水或者任何喜歡的飲料、優酪乳。

# 檸檬薏米水

- ⏱ 90 分鐘　△ 煮
- ☆ 簡單　◎ 132 大卡
- 低熱量 | 低脂

檸檬薏米水能祛濕又可美白,好喝又養生。堅持喝下來,體內濕氣減少了,保證皮膚從內而外光彩照人。

## 材料

| | |
|---|---|
| 薏米 150 克 | 黃冰糖 50 克 |
| 清水 適量 | 蜂蜜 適量 |
| 檸檬 1 個 | |

## 做法

1. 將薏米清洗乾淨,加水浸泡3個小時。
2. 把浸泡薏米的水倒掉,再加入清水,大火煮滾後轉小火,加蓋煮1.5小時。 
3. 關火後加入黃冰糖。 
4. 冷卻後切幾片檸檬放入薏米水中,依據個人口味添加蜂蜜。 

## 小叮嚀

1. 購買薏米時應該選擇質地硬、有光澤、顆粒飽滿、呈白色或黃白色的。生薏米相對寒涼,可以將薏米稍微炒熟。煮檸檬薏米水時,可以生熟各半,減低寒性,同時具祛濕排毒和健脾益胃功效。
2. 選購檸檬時,應挑選色澤鮮潤,果質堅挺不乾萎,表面乾淨沒有斑點及無褐色斑塊,有濃郁香味的。
3. 黃冰糖未經過嚴格脫色加工處理,相對白色冰糖來說,營養更豐富。
4. 檸檬不要加到鍋子裡一起煮,高溫會破壞檸檬的維生素,還會讓檸檬皮煮出苦澀味。

# 生椰拿鐵

- 5 分鐘
- 泡
- 簡單
- 122 大卡
- 低糖

烈日炎炎,有誰能抵擋得住一杯冰爽飲品的誘惑?想要喝冰爽的飲品,又不想長胖,不如自己動手做,控制糖分攝入,多喝一杯也沒有負擔。。

## 材料

椰子氣泡水 1 罐　　黑咖啡 10 毫升
椰子水 1 罐　　　　薄荷葉 2 片
低脂牛奶 1 盒

## 做法

1. 將椰子水倒入製冰盒中,放入冰箱冷凍成冰塊。
2. 將椰子冰塊放入杯中,倒入椰子氣泡水。 
3. 倒入低脂牛奶,淋上黑咖啡。 
4. 在上面放上薄荷葉裝飾。 

### 小叮嚀

冰塊和椰子氣泡水注意不要放得過滿。

# 珍珠奶茶

- ⏱ 30 分鐘
- 🍲 煮
- ☆ 簡單
- ◎ 163 大卡
- ✓ 低熱量 | 低脂 | 低糖

珍珠奶茶很多人都愛喝，但市面上的珍珠奶茶有些根本不含茶和奶，多喝會影響健康。其實自己煮珍珠奶茶一點都不難，而且口感細膩，清爽可口。

## 材料

錫蘭紅茶 1 包
牛奶 1 盒
純淨水 500 毫升
零卡糖 2 克
芒果珍珠 適量
煉乳 少許

## 做法

1 鍋中加水煮滾，芒果珍珠放入滾水煮15分鐘左右，撈出後放入涼開水中浸泡。

2 砂鍋中放入純淨水，煮至90℃以上後放入錫蘭紅茶包，小火煮10～15分鐘，待茶湯顏色呈紅色後將茶包取出。

3 趁熱加入零卡糖和煉乳。倒入牛奶，再煮一兩分鐘。

4 將芒果珍珠倒入杯底，加入剛煮好的奶茶。

## 小叮嚀

❶ 芒果珍珠的做法：150克芒果肉加50毫升水打成汁，倒入鍋中大火煮沸。關火後加入適量木薯粉攪勻，搓成芒果珍珠。

❷ 可以依據自己對茶湯濃度的要求，來決定茶包的沖煮時間。

❸ 煮奶茶一定要用純牛奶才好喝，減肥期間可以用脫脂牛奶，不過口感可能會淡一些。

❹ 放涼後冷藏口感更佳，或是加一些冰塊和蜂蜜。

# 酪梨香蕉奶昔

- 5 分鐘　　攪拌
- 簡單　　414 大卡
- 低飽和脂肪 ｜ 低糖

酪梨經常代替奶油來做菜，是很多減脂餐的常用材料。這款酪梨香蕉奶昔比巧克力還絲滑，減肥的女孩必須擁有。

### 材料

| | |
|---|---|
| 酪梨 1 個 | 優酪乳 200 克 |
| 香蕉 1 個 | 蜂蜜 少許 |

### 做法

1. 將香蕉切成片。
2. 酪梨去皮，對半切開後果肉切小塊。 
3. 將香蕉、酪梨放入果汁杯中。 
4. 倒入優酪乳和少許蜂蜜，打成奶昔，可加薄荷葉裝飾。 

### 小叮嚀

1. 如果覺得奶昔太過濃稠，可以加點溫水。
2. 酪梨是天然的抗氧化劑，不但能軟化和滋潤皮膚，還能有效抵禦陽光照射，防止曬黑曬傷。

# 白桃烏龍茶凍撞奶

清香的白桃烏龍茶做出的茶凍入口爽滑，放在冰涼的牛奶裡，清涼解暑。入口之後比果凍更加香軟，比慕斯更加爽口，這大概就是茶凍的魅力所在吧。

## 材料

蜜桃 1 個
零卡糖 10 克
白桃烏龍茶 1 包
吉利丁粉 36 克
飲用水 900 毫升
牛奶 1 盒

## 小叮嚀

可以依據個人喜好做出各種不同口味的水果茶凍。

- 15分鐘
- 煮
- 簡單
- 171大卡
- 低熱量 | 低脂

## 做法

1. 鍋中加入飲用水煮滾。當水溫降至80～90℃時放入白桃烏龍茶包，浸泡10～15分鐘。

2. 將茶包取出，在茶湯中加入零卡糖。

3. 將茶湯再次煮滾，放入吉利丁粉，不斷攪拌至吉利丁粉完全溶於茶湯，再次煮開。

4. 將茶湯倒入容器中，放入切片的蜜桃，冷卻2小時左右。

5. 將冷卻好的茶凍倒扣出來，切成小方塊放入杯中。

6. 倒滿牛奶，放入冰箱冷藏。可放上薄荷葉裝飾。

# 木瓜銀耳燉牛奶

一款低脂、低糖、高營養的木瓜銀耳燉牛奶,作為控糖早餐、下午茶、宵夜都可以,減脂的女孩可以放心吃,健康營養無負擔。

### 材料

| | |
|---|---|
| 木瓜 1/2 個 | 枸杞子 7 顆 |
| 新鮮銀耳 8 克 | 牛奶 150 毫升 |
| 紅棗 5 顆 | 黃冰糖 適量 |

20 分鐘　煮
簡單　255 大卡
低脂 | 富含維生素 C | 低膽固醇

### 小叮嚀

牛奶要最後再加。

### 做法

1. 枸杞子洗淨、泡發。

2. 木瓜切開,去皮、去籽,切小一點的滾刀塊。

3. 紅棗洗淨、切成棗圈。

4. 將紅棗、枸杞子和銀耳放入砂鍋,加水,大火煮滾後轉中小火。

5. 繼續煮15分鐘至濃稠,加入黃冰糖和木瓜。

6. 待冰糖化開後加入牛奶攪拌均勻,盛出放涼,可加薄荷葉裝飾。

輕甜點

# 烤牛奶

- 30 分鐘　　煮、烤
- 簡單　　　399 大卡
- 低脂｜低糖

這款網紅美食有著類似焦糖布丁的吸睛外表，光看樣子就已經讓人流口水了。而且低糖低脂，再不用擔心吃甜品帶來的負擔了。

### 材料

牛奶 240 毫升　　零卡糖 10 克
雞蛋 1 個　　　　玉米粉 30 克

### 做法

1. 雞蛋打入容器中，加入零卡糖攪打均勻，留出15毫升左右備用。
2. 加入牛奶、玉米粉，攪打均勻至無粉狀顆粒。 
3. 在不沾鍋中倒入蛋奶液，小火加熱，用矽膠刀不停的順一個方向攪打。 
4. 待蛋奶液煮到變成糊，倒入模具中，表面抹平，振一下，讓表面平整。放涼後蓋上保鮮膜，冷藏至凝固（2小時左右）。 
5. 將凝固的奶糊放在烤盤上，等分切開，刷一層蛋液。 
6. 放入烤箱，210℃烤20分鐘，烤至表面變成焦黃色即可。 

### 小叮嚀

1. 蛋奶液加入玉米粉攪拌均勻後可以過篩兩遍，這樣做出的烤牛奶口感更細膩。
2. 全程小火加熱，不斷攪拌，防止底部焦掉。
3. 零卡糖的用量可以依據個人口味調整。
4. 具體烘烤溫度和時間依據自家烤箱性能掌握。

# 火龍果椰子奶凍

這款奶凍不僅有超高的顏值，還有超棒的口感，最重要的是它還能幫助補鈣。而且火龍果膳食纖維豐富，牛奶富含蛋白質，再加上椰子粉，趕快試試吧。

## 材料

牛奶 240 毫升　　　　紅心火龍果 1/4 個
零卡糖 10 克　　　　　椰子粉 適量
玉米粉 30 克　　　　　食用油 少許

⏱ 15 分鐘　　🥄 攪拌・煮
☆ 簡單　　🔥 616 大卡
低飽和脂肪　低膽固醇

## 做法

1. 火龍果洗淨，對半切開，果肉切小塊。

2. 取 1/4 火龍果肉，放入榨汁杯，倒入牛奶，打成火龍果牛奶。

3. 將打好的火龍果牛奶倒入大碗中，加入零卡糖和玉米粉。

4. 用矽膠刀攪拌均勻至無粉狀顆粒後倒入平底不沾鍋中。

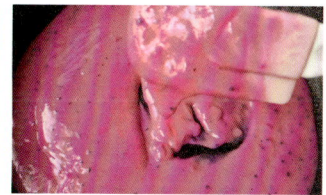

5. 小火加熱，並不斷攪拌至出現的紋理不會立刻消失，矽膠刀提起成緞帶狀落下的狀態，關火。

6. 保鮮盒中刷一層薄油，將火龍果牛奶糊倒入盒中，冷卻後加蓋冷藏兩三個小時。

7. 取出後切成小方塊。

8. 裹滿椰子粉後擺盤，可加小葉子裝飾。

### 小叮嚀

1. 喜歡奶味濃的還可以加一些奶粉。
2. 水果可依據個人口味添加。

⏱ 15分鐘　◯ 煮
☆ 簡單　◉ 841 大卡
✓ 低膽固醇

# 半糖蔓越莓奶凍

不用打發不用烤，用牛奶和蔓越莓乾做個好看又好吃的半糖蔓越莓奶凍，清涼開胃。

## 材料

半糖蔓越莓乾 50 克　　玉米粉 60 克
牛奶 360 毫升　　　　椰子粉 適量
零卡糖 15 克

## 小叮嚀

1. 零卡糖的量依據個人口味增減。
2. 用瓷製容器裝做好的奶凍，冷卻後更好脫出。

## 做法

1　將牛奶倒入大碗中，加零卡糖和玉米粉。

2　用矽膠刀攪拌均勻至無粉狀顆粒，倒入平底不沾鍋中。

3　小火加熱，不斷用矽膠刀攪拌。

4　加入2/3半糖蔓越莓乾，加熱拌至出現的紋理不會立刻消失，用矽膠刀提起成緞帶狀落下，關火。

5　將奶糊倒入碗中，撒上剩餘的蔓越莓乾，冷卻後加蓋冷藏兩三個小時以上。

6　取出倒扣在砧板上，切成大小合適的小方塊。

# 木瓜奶凍

健康又美味的小甜點，口感和味道都讓人驚豔，奶凍細膩柔滑，木瓜甜蜜綿軟，自己動手做如此簡單。

### 材料

木瓜 1 個　　零卡糖 10 克
牛奶 180 毫升　玉米粉 30 克

### 小叮嚀

1. 木瓜內壁儘量挖得光滑一點，做出來的成品會更漂亮。
2. 可以加入一些奶粉，糖量依據個人口味適量增減。

⏱ 15 分鐘　　🍲 煮
☆ 簡單　　　　🔥 468 大卡
✓ 富含維生素 C ｜ 低飽和脂肪

### 做法

1　將木瓜洗淨，從頂部四五公分處切開，用湯匙挖去籽。

2　將牛奶倒入一個無油無水的容器中，加入零卡糖和玉米粉，攪拌均勻。

3　將攪拌均勻的牛奶倒進不沾鍋中以小火加熱，用矽膠刀順一個方向不停攪拌。

4　牛奶攪拌至無顆粒、順滑、黏稠狀態，用矽膠刀劃出的紋路不會立刻消失，提拉成緞帶狀落下。

5　將做好的奶凍倒入木瓜中，蓋上頂蓋，放入冰箱至少冷藏3小時以上。

6　切開裝盤。

# 優酪乳燕麥脆片南瓜杯

一人份優酪乳燕麥脆片南瓜杯，好吃又飽腹，最主要的是還不用擔心熱量太多，當早餐或下午茶都可以。

### 材料

| | |
|---|---|
| 貝貝南瓜 1 個 | 水果燕麥脆片 |
| 優酪乳 1 盒 | 20～30 克 |

### 小叮嚀

南瓜富含蛋白質、維生素、脂肪、礦物質等多種營養成分，添加了水果燕麥脆片可以增加飽腹感。

- 20 分鐘
- 蒸、攪拌
- 簡單
- 417 大卡
- 低熱量 | 低脂 | 0 膽固醇

## 做法

1. 貝貝南瓜清洗乾淨，切兩半，挖去瓤。
2. 上鍋隔水蒸 15 分鐘。 
3. 將蒸好的南瓜肉放入料理杯中。 
4. 加入優酪乳。 
5. 打成優酪乳南瓜糊。 
6. 將優酪乳南瓜糊倒入杯中，加入水果燕麥脆片。

# 蜜豆龜苓膏

- 15 分鐘　煮
- 簡單　　248 大卡
- 低熱量｜低脂｜低糖

龜苓膏是歷史悠久的傳統藥膳，如果感到消化不良、胃脹氣，吃上一碗就能開胃。

### 材料

| | |
|---|---|
| 龜苓膏粉 36 克 | 零卡糖 15 克 |
| 涼開水 100 毫升 | 蜜豆 1 匙 |
| 清水 800 毫升 | 桂花蜜 1 匙 |

### 小叮嚀

可以依據個人口味加入椰汁、時令水果等，味道會更豐富。

### 做法

1. 將龜苓膏粉用涼開水調開，攪拌至粉狀無顆粒，加入零卡糖。
2. 鍋中倒入清水煮沸，倒入龜苓膏糊再次加熱至沸騰，記得要邊加熱邊攪拌。 
3. 將龜苓膏糊倒入容器中靜置冷卻2小時左右，也可以放涼後冷藏片刻。 
4. 將靜置冷卻好的龜苓膏從容器中脫出。 
5. 切小塊放入碗中。 
6. 加入蜜豆，淋上桂花蜜，可加少許乾桂花和薄荷葉。

# 芒果紫米甜甜

- 60 分鐘　△ 蒸、攪拌
- ☆ 簡單　○ 795 大卡
- ✓ 低糖｜低飽和脂肪｜低膽固醇

芒果清香，紫米軟糯，這個好看又好吃的芒果紫米甜甜是低糖低脂的甜品。

### 材料

| | |
|---|---|
| 紫米 100 克 | 小芒果 2 個 |
| 優酪乳 2 盒 | 零卡糖 適量 |

### 做法

1. 紫米清洗乾淨，提前浸泡2小時以上。
2. 加入適量水，鍋子冒出蒸氣後隔水蒸45分鐘。 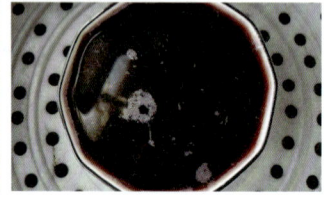
3. 將蒸熟的紫米放涼，依據個人口味加入零卡糖。 
4. 用手蘸水，取適量紫米，捏緊後再搓成圓球。 
5. 芒果對半切成兩片，將其中一片切成格子，剔下果肉。 
6. 另一片芒果切小塊，加優酪乳打成芒果奶昔後倒入杯中。 
7. 在奶昔上面放上紫米球。 
8. 擺上芒果塊。可擺放一片小葉子裝飾。 

### 小叮嚀

1. 紫米必須提前泡2小時以上，一定要蒸熟。
2. 揉紫米團時，手蘸清水可以防黏。
3. 放冰箱冷藏後口感更佳。

# 咖啡豆豆小餅乾

苦蕎麥粉做的低糖、無奶油、健康小零食，放肆吃，無負擔。

### 材料

苦蕎麥粉 120 克　　雞蛋 1 個
可可粉 15 克　　　　零卡糖 15 克
咖啡粉 5 克　　　　玉米油 20 毫升

### 小叮嚀

1. 咖啡粉和可可粉的用量可依據個人口味調整。
2. 苦蕎麥粉可以用低筋麵粉代替。
3. 切記控制好火候，全程小火加蓋烘。
4. 可以換成烤箱烘烤。

⏱ 60 分鐘　　🍳 烘
☆ 簡單　　　🔥 310 大卡
✓ 低糖

### 做法

1　雞蛋打入容器中，加入零卡糖攪拌均勻。

2　加入咖啡粉和可可粉之後攪拌均勻。

3　篩入苦蕎麥粉，倒入玉米油。

4　揉成光滑的麵團，蓋上保鮮膜冷藏 1 小時。

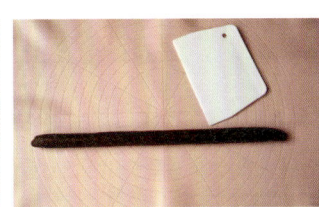

5　取出麵團，搓成長條。

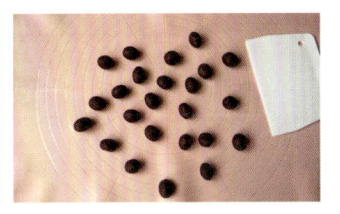

6　切分成適當大小的小麵團（每個 3 克），放手心裡搓成橢圓形。

7　用刮板在小麵團上面壓出印，做出咖啡豆的形狀。

8　平底鍋預熱，放入小麵團，加蓋用小火慢烘至底面微焦、表面完全乾透、外表變硬。

9　將烘好的咖啡豆豆小餅乾放在麵包架上放涼。

# 杏仁奶酥小餅

中式小甜點杏仁奶酥小餅，香脆的杏仁搭配酥香餅底，給味蕾帶來豐富的層次感。小餅細膩酥香誘人，那種感覺是無法單純用好吃來定義的味道。

## 材料

低筋麵粉 150 克
玉米油 50 毫升
奶粉 15 克
泡打粉 1 克
耐高糖乾酵母 1.5 克
零卡糖 20 克
鹽 1 克
蛋黃 2 個
杏仁 適量

⏱ 40 分鐘　　🔥 烤
☆ 簡單　　☀ 707 大卡
✓ 低膽固醇 | 富含維生素 E

## 做法

1 將低筋麵粉、奶粉、泡打粉和耐高糖乾酵母倒入容器之中翻拌均勻。

2 將零卡糖、鹽、玉米油和1個蛋黃放入容器裡，用手動打蛋器攪拌均勻，不要有結塊。

3 把混合好的粉類過篩到蛋黃碗裡，用矽膠刮刀翻拌均勻（一邊拌一邊朝下按壓刮刀）。

4 拌至無乾粉，麵團油潤。

5 將麵團依據自家烤盤的大小分成等大的小麵團，搓圓。

6 刷上蛋黃液。

7 在每個麵團上按上杏仁。

8 烤箱180℃預熱5分鐘，將麵團烘烤15～20分鐘。

### 小叮嚀

烘烤時間要依據自家烤箱性能來設置，最後5分鐘要多觀察，以免顏色過深、烤焦，影響顏值和味道。

# 童年奶片

- ⏱ 200 分鐘　🔥 烤
- ☆ 簡單　　　 638 大卡
- ✓ 富含蛋白質 | 高鈣

小時候學校門口賣的奶片還記得嗎？自己做的奶片沒有添加劑，除了配方裡用到的柳橙汁外，草莓汁、菠菜汁、南瓜汁等也可以加入奶片裡。發揮你的創造力，各種口味，各種卡通形狀都能做。

## 材料

| | |
|---|---|
| 奶粉 240 克 | 柳橙汁 10 毫升 |
| 煉乳 10 克 | 可可粉 5 克 |

## 做法

1　在一半奶粉中加入可可粉，攪拌均勻後少量多次加入煉乳。

2　和成團，壓扁，擀成厚3公釐左右的片狀。

3　用壓花模具壓出造型。

4　在剩餘奶粉中擠入柳橙汁，和勻後用壓花模具壓出造型，做成柳橙汁口味的奶片。

5　將所有壓好的奶片在網架上擺開，放入果乾機。

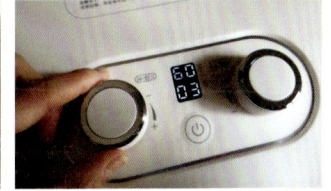

6　60℃烘烤3小時。

## 小叮嚀

1. 想吃原味的奶片可以把果汁替換成同等重量的牛奶或優酪乳。原則也是少量多次加入，不要一次加太多，每種奶粉的吸水率不同，注意觀察。
2. 沒有模具，拿瓶蓋也可以按壓出造型。
3. 奶粉團剛揉好是軟的，但會越來越硬，最後硬得像石頭，所以擀薄片一定要動作迅速。

# 椰子榴槤扭扭酥

- 30 分鐘 | 烤
- 簡單 | 354 大卡
- 營養均衡 | 低脂

這款用榴槤、椰子粉和蛋塔皮做的椰子榴槤扭扭酥，做法簡單到極致，馬上就能學會。

## 材料

蛋塔皮 6 個　　　零卡糖 10 克
榴槤肉 150 克　　蛋黃液 15 毫升
椰子粉 20 克　　　黑芝麻 適量

## 做法

1. 榴槤肉放入容器中，加入椰子粉和零卡糖抓拌均勻成餡料。
2. 蛋塔皮從冰箱冷凍室取出，自然解凍10分鐘，拿掉鋁箔紙托，壓扁成餅皮。 
3. 在餅皮上均勻鋪一層椰子粉榴槤餡料。 
4. 在餡料上面再蓋一層餅皮。 
5. 將餅皮切成4份後扭幾圈。 
6. 擺在烤架上，刷一層蛋黃液，撒上黑芝麻。 
7. 放進烤箱，180℃烤20分鐘。 
8. 烤好後取出放涼。 

## 小叮嚀

烤箱溫度和時間依據自家烤箱性能調整。

# 脆皮地瓜球

地瓜中含有豐富的膳食纖維，有利於排毒養顏。地瓜雖然味道甘甜，但熱量很低，使其成為健美人士、減肥人士的理想之選。這道脆皮地瓜球外酥裡嫩，地瓜和鹹蛋黃的完美融合，吃完後有不一樣的體驗。

### 材料

地瓜 2 個
洋芋片 1 袋
鹹蛋黃調味料 30 克

- 40 分鐘　蒸、烤
- 簡單　418大卡
- 低脂｜富含膳食纖維

### 做法

1. 地瓜洗淨、去皮、切厚片。
2. 上鍋隔水蒸20～30分鐘，筷子能戳透即可。 
3. 將蒸好的地瓜用擀麵棍搗成泥狀，加入鹹蛋黃調味料。 
4. 戴好免洗手套抓拌均勻後捏成小球。 
5. 將洋芋片包裝袋剪開口，排氣後用手使勁捏，將洋芋片捏碎。 
6. 將洋芋片碎片倒進碗中，將捏好的地瓜球放進去裹上一層洋芋片碎片。 
7. 烤架上鋪一層鋁箔紙，將裹好洋芋片碎片的地瓜球擺在上面。 
8. 放進烤箱，180℃烘烤10分鐘即可。 

### 小叮嚀

1. 可依個人口味將鹹蛋黃調味料換成起司、蜜豆等。
2. 烤箱溫度和烘烤時間依據自家烤箱性能調整。

# 蛋白椰絲球

- 40 分鐘  ○ 烤
- 簡單  789 大卡
- ✓ 富含膳食纖維 | 低鹽 | 低飽和脂肪

做法簡單零失敗,只要攪一攪拌一拌,烘焙新手也能成功做成的蛋白椰絲球,比買的好吃太多了。而且不含油脂,非常健康。

## 材料

椰子粉 100 克
低筋麵粉 20 克
奶粉 20 克
蛋白液 70 毫升
零卡糖 20 克

## 做法

1 把80克椰子粉、低筋麵粉、奶粉、零卡糖混合攪拌均勻。

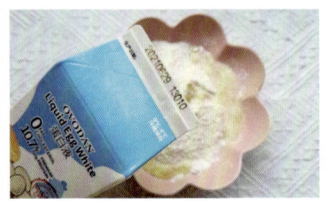

2 將蛋白液加入混合好的粉中。

3 用矽膠刀攪拌均勻。

4 揉成麵團。

5 取一小塊麵團,搓成直徑約2.5公分的小球。

6 把小球放在剩餘椰子粉裡滾一下,讓小球的表面都均勻的裹上椰子粉。

7 烤盤內鋪上一層烤盤紙,把裹好椰子粉的小球擺在烤盤紙上。

8 烤箱150℃預熱5分鐘,烘烤30分鐘左右,裝盤後可以放上小葉子裝飾。

## 小叮嚀

❶ 這款蛋白椰絲球烤的時間和溫度很關鍵,用稍低的溫度,較長的時間來烤才能烤透,讓內部更香酥。

❷ 蛋白椰絲球不要做得太大顆,每個大小要均勻。

# 無奶油蜜豆蛋塔

一個蜜豆蛋塔，將蛋塔的香酥酥皮、塔餡的軟嫩柔滑、蜜豆的甜蜜香濃融於一體，再加上一點自己喜歡的水果，豐富中滿溢著甜蜜滋味。

## 材料

| | |
|---|---|
| 蛋塔皮 6 個 | 蜜豆 適量 |
| 牛奶 100 毫升 | 水果 適量 |
| 雞蛋 1 個 | 檸檬汁 幾滴 |
| 零卡糖 10 克 | 薄荷葉 幾片 |

40 分鐘　烤
簡單　　　731 大卡
低脂

## 做法

1. 雞蛋打入碗中，加入零卡糖，還可以加幾滴檸檬汁去腥。
2. 用打蛋器把雞蛋和零卡糖攪打均勻。 
3. 加入牛奶，再次攪打均勻後過篩兩遍，口感更細膩。 
4. 將蜜豆平鋪在蛋塔皮底部。 
5. 用湯匙將蛋塔液舀入蛋塔皮之中，至九分滿。 
6. 將蛋塔放入預熱好的烤箱，以 210℃烤25分鐘。 
7. 烤至蛋塔皮起酥分層，蛋塔液表面有點焦糖色。 
8. 烤好的蛋塔出爐，表面再加些蜜豆和自己喜歡的水果，插上薄荷葉裝飾。 

### 小叮嚀

1. 蛋塔中的蜜豆和水果可以換成各式各樣自己喜歡的食材。
2. 烘烤的時間和溫度要依據自家烤箱的性能調整。

# 蔓越莓蛋塔

⏱ 45分鐘　🍳 煮、烤
☆ 簡單　　　981 大卡
🥄 低脂

層層酥脆的外皮配上香甜嫩滑的內餡，讓人很難拒絕。如果自己做的話，除了簡單的原味，還可以放上一些自製的蔓越莓果醬，那味道酸酸甜甜，使得蛋塔的口感更有層次。

## 小叮嚀

1. 果醬放涼後，可以裝入乾淨、無水無油的密封罐，放入冰箱冷藏儲存。
2. 如果果醬想要淋在冰淇淋、布丁、格子鬆餅上面，可以多留一點湯汁。如果想要泡水果茶，就要收乾一些，這樣才會好喝。如果要塗麵包、吐司，作為佐餐果醬，就要再收乾一些，味道才會濃郁。

### 材料

蛋塔皮 6 個　　　蔓越莓乾 適量　　　雞蛋 1 個　　　冰糖 50 克　　　薄荷葉幾片
鮮蔓越莓 400 克　牛奶 100 毫升　　　零卡糖 10 克　檸檬 1/2 個　　鹽 適量

### 做法

1　將鮮蔓越莓用清水沖洗乾淨，放入涼水裡，加適量鹽浸泡10分鐘左右，沖洗並瀝乾。

2　取一半蔓越莓放入料理機，加適量水打成果泥。

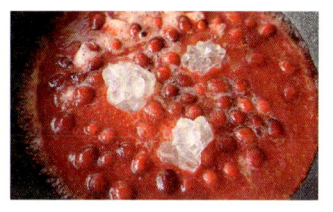

3　將蔓越莓果泥和剩下的蔓越莓放入不沾鍋，加冰糖大火煮滾。

4　可以擠入適量的檸檬汁，增添果膠，使成品更濃稠。

5　煮至濃稠的時候轉中小火，不時用矽膠刀攪拌，以免底部焦掉。熬煮到想要的濃稠度即可。

6　雞蛋打入碗中，加入零卡糖和幾滴檸檬汁去腥。用打蛋器攪打至均勻。

7　再加入牛奶，再次攪打均勻後過篩兩遍，口感更細膩。

8　將蔓越莓果醬平鋪在蛋塔皮的底部。

9　用湯匙將蛋塔液盛入蛋塔皮當中，至九分滿。

10　將蛋塔放入預熱好的烤箱中，210℃烤25分鐘。

11　烤至蛋塔皮起酥分層，蛋塔液表面有點焦糖色時出爐。

12　表面再加點蔓越莓乾，插上薄荷葉裝飾。

# 抹茶蜜豆毛巾捲

- ⏱ 30 分鐘　△ 烘烤
- ☆ 簡單　　　 1254 大卡
- ✓ 低脂

網紅甜品，口感香甜不膩，外層是抹茶千層皮，裡面是鮮奶油夾餡。用茶油代替奶油，吃起來更加健康。

## 材料

雞蛋 3 個　　牛奶 1 盒　　蜜豆 適量
低筋麵粉 100 克　鮮奶油 1 盒　茶油 20 毫升
抹茶粉 15 克　零卡糖 10 克　糖粉 少許

## 做法

1　雞蛋打入碗中，加入零卡糖，打散成均勻的蛋液。

2　蛋液中加入牛奶、低筋麵粉和 8 克抹茶粉，攪拌成無顆粒的粉糊。

3　加入茶油，攪拌均勻之後過篩兩遍。

4　將鮮奶油倒入無水無油的容器中，加入少許糖粉打發至提起有小勾即可。

5　平底不沾鍋中刷一層薄油，將粉糊盛起一匙倒入鍋中，晃動鍋子鋪勻。

6　小火加熱至餅皮起大泡即可，不用翻面。

7　將餅皮從鍋中倒扣在矽膠墊上（在鍋中朝上的一面朝下），做三張餅皮，疊放。

8　在餅皮上鋪上打發的奶油，撒上蜜豆。

9　把兩排側邊向內折，然後沿一邊捲起，篩上剩餘抹茶粉。

10　用蕾絲紙包起，用麻繩綁個漂亮的蝴蝶結，裝盤。

### 小叮嚀

攪拌均勻的粉糊多過篩幾遍，做出的餅皮會更加細膩。

# 全麥吐司香蕉派

- 10 分鐘　　烘烤
- ☆ 簡單　　251 大卡
- ✓ 低鹽｜低脂

無油低卡，就算沒有烤箱也可以做的香蕉派，口感特別酥脆，特別好吃。

### 材料

全麥吐司 3 片

香蕉 1 根

雞蛋 1 個

### 做法

1 香蕉去皮、切片，用擀麵棍搗成香蕉泥。

2 雞蛋打散成蛋液。

3 將吐司去邊。

4 用擀麵棍擀平，在一側劃上三道刀口。

5 在另一側鋪上香蕉泥，四邊塗上蛋液。

6 對折，用叉子壓緊。

7 平底鍋預熱，不放油，將香蕉派用中小火烘至一面金黃後翻面。吐司邊可以切成小塊一起下鍋。

8 烘至兩面金黃焦脆後出鍋，裝盤後可用小葉子裝飾。

### 小叮嚀

❶ 香蕉要整個化在吐司裡才美味，所以香蕉要挑比較熟的。

❷ 不要放油。

# 椰香地瓜派

- 🕐 60 分鐘
- 🍳 烤、蒸
- ☆ 簡單
- 🔥 1422 大卡
- ✓ 富含膳食纖維 | 富含維生素 E

如果你吃膩了蘋果派、香蕉派，那就試試這道無奶油的地瓜派。與椰子粉絕妙配搭，告別甜膩，回味無窮。

## 材料

| | |
|---|---|
| 低筋麵粉 100 克 | 鹽 1 克 |
| 地瓜 250 克 | 椰子粉 適量 |
| 蛋黃 1 個 | 玉米油 50 毫升 |
| 零卡糖 10 克 | |

## 做法

1. 將地瓜去皮、切厚片，隔水蒸 25～30 分鐘後搗成泥，放涼。
2. 低筋麵粉中加零卡糖、鹽、玉米油和蛋黃，用矽膠刀攪拌成絮狀。 
3. 揉成光滑的麵團，用保鮮膜封起來，放入冰箱冷藏 1 小時。 
4. 將冷藏好的麵團取出後擀薄，放入派盤中。 
5. 用叉子在底部戳一些排氣孔。 
6. 將派皮放入預熱好的烤箱，以 210℃烤 15 分鐘。 
7. 取出派皮，填上地瓜餡，均勻的撒上一層椰子粉。 
8. 再放入烤箱，以 210℃烤 30 分鐘，出爐後可用小葉子裝飾。 

## 小叮嚀

如果蒸出的地瓜餡有點乾，可以加入適量牛奶，做出帶奶香味的地瓜派也很好吃。

# 鈴鐺燒

⏰ 20 分鐘　⌂ 烘烤
☆ 簡單　　　☼ 568 大卡
✓ 富含維生素 A

誰說沒烤箱就做不了烘焙？馬上分享一款不用烤箱，無油、低糖、低卡的解饞小零食給你。

## 材料

苦蕎麥粉（或低筋麵粉）200 克
雞蛋 3 個
牛奶 80 毫升
零卡糖 15 克
酵母粉 2 克
紅豆沙餡 36 克
鹽 1 克

## 做法

1　將雞蛋打進容器，加零卡糖和鹽，攪拌至糖和鹽完全化開。

2　加入牛奶攪拌均勻。

3　加入酵母粉和過篩的苦蕎麥粉。

4　用筷子畫「Z」字形，將粉糊攪拌至無粉狀顆粒，用筷子提起，粉糊落下時呈緞帶狀。

5　將調好的粉糊靜置15分鐘，酵母粉會讓粉糊表面起一些小泡。

6　將章魚小丸子鍋預熱，倒入約八分滿的粉糊。

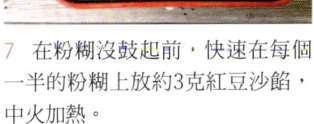

7　在粉糊沒鼓起前，快速在每個一半的粉糊上放約3克紅豆沙餡，中火加熱。

8　在粉糊表面還有些濕潤時，將沒有放餡料的那一半蓋到有餡料的上面。

9　翻動加熱到自己喜歡的顏色和口感即可。

### 小叮嚀

牛奶的量可依據所用麵粉吸水率不同來增減。

# 蕎麥仙豆糕

- ⏱ 20 分鐘
- ☆ 簡單
- ✓ 低糖
- 🔥 烘烤
- ◎ 620 大卡

這款蕎麥仙豆糕的主要原料是苦蕎麥粉和自製紅豆沙餡，糖分很少，淡淡的甜，脂肪含量也很低，對於減脂的人而言，無疑是健康的精緻小甜點。

### 材料

苦蕎麥粉（或低筋麵粉）100 克
玉米粉 20 克

雞蛋 1 個
零卡糖 10 克

玉米油 10 毫升
紅豆沙餡 100 克

椰子粉 20 克

### 做法

1 在苦蕎麥粉中加入玉米粉，攪拌均勻。

2 加入零卡糖攪勻後打入雞蛋，放玉米油，攪拌成絮狀。

3 揉成光滑的麵團，蓋保鮮膜醒15～20分鐘。

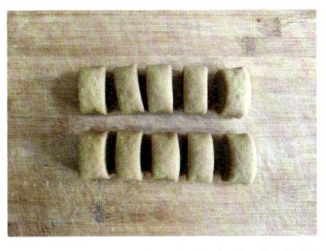

4 搓成長條，切分成大小合適的小麵團，用保鮮膜蓋住防乾。

5 在紅豆沙餡中加入椰子粉，抓拌均勻。

6 搓成大小合適的豆沙餡。

7 將苦蕎小麵團按扁成圓餅狀，包入豆沙餡。

8 收口成圓球。

9 整形成骰子狀。

10 平底不沾鍋預熱，放入仙豆糕麵團，中小火慢慢加熱，注意翻面。烘到自己喜歡的顏色出鍋即可。

### 小叮嚀

❶ 小麵團要用保鮮膜蓋一下防乾。
❷ 給仙豆糕加熱時要6個面都烘到。
❸ 可以依據個人口味換成別的餡，或加入起司做成爆漿款。

# 舒芙蕾

上桌時鬆軟，入口如一朵甜絲絲的雲，輕輕一抿就散發甜蜜濃郁的香氣，這就是舒芙蕾，裡面大量的空氣讓它彷彿在呼吸。

## 材料

低筋麵粉 40 克　　優酪乳 20 克
雞蛋 2 個　　　　零卡糖 15 克

## 小叮嚀

1. 切記打發蛋白的容器一定要無油無水。
2. 翻拌麵糊時要上下翻拌，不要打圈，打圈容易消泡，會導致膨不起來。
3. 做好的舒芙蕾會回縮一點，這是正常現象。

20 分鐘　烘烤
簡單　　436 大卡
低糖

## 做法

1　將蛋白和蛋黃分離，分別放入無水無油的容器中。

2　在蛋黃之中加入優酪乳，攪拌均勻。

3　將低筋麵粉過篩後加入蛋黃液中，慢慢攪拌至濃稠。

4　在蛋白中分三次加入零卡糖，用打蛋器打至乾性發泡。

5　取 1/3 打好的蛋白霜，加進蛋黃糊中，用矽膠刮刀上下翻拌。

6　將 5 翻拌好的蛋黃糊放入 4 剩下的蛋白霜中，用矽膠刮刀上下翻拌均勻。

7　蛋糕用湯匙舀進平底不沾鍋，蓋上鍋蓋，小火烘烤兩三分鐘。

8　等到底面能用鏟子輕輕鏟起時翻面，再加蓋，小火繼續烘烤兩三分鐘。

9　出鍋後可淋上優酪乳，搭配喜歡的水果，用小葉子裝飾。

# 燕麥堅果能量棒

- 🕐 15 分鐘
- ☆ 簡單
- ✓ 低糖
- △ 烘烤
- ◎ 689 大卡

這道能量棒無油無糖，還能補充能量，甜香襲人，元氣滿滿。

## 材料

即食燕麥 90 克
香蕉 1 根
雞蛋 1 個
綜合堅果 50 克
奶粉 25 克

## 做法

1 香蕉剝皮後切片，用擀麵棍搗成泥。

2 在香蕉泥中加入雞蛋、即食燕麥和奶粉，攪拌均勻。

3 放入綜合堅果，戴免洗手套抓拌均勻。

4 將香蕉泥鋪入平底不沾鍋，不用放油，中小火烘烤至一面微焦。

5 翻面，加蓋烘烤至內部熟透。

6 出鍋後放涼、切條，用烤盤紙包好，用麻繩綁好裝盤。

### 小叮嚀

烘烤過程中注意及時翻面。

國家圖書館出版品預行編目(CIP)資料

零負擔美味輕食提案：全食物×低脂減醣×高能量，吃巧吃飽家常料理150道／沙小囡著. -- 初版. -- 臺北市：臺灣東販股份有限公司, 2025.06
192面；17×23公分

ISBN 978-626-379-929-5（平裝）

1.CST：食譜

427.1　　　　　　　　　　　　114005001

本書透過四川文智立心傳媒有限公司代理，經中國輕工業出版社有限公司授權，同意由台灣東販股份有限公司在全球獨家出版、發行中文繁體版本。非經書面同意，不得以任何形式任意重製、轉載。

# 零負擔美味輕食提案
## 全食物×低脂減醣×高能量，吃巧吃飽家常料理150道

2025年06月01日初版第一刷發行

| 著　　者 | 沙小囡 |
|---|---|
| 主　　編 | 陳其衍 |
| 封面設計 | Miles |
| 特約設計 | Miles |
| 發 行 人 | 若森稔雄 |
| 發 行 所 | 台灣東販股份有限公司 |
|  | ＜地址＞台北市南京東路4段130號2F-1 |
|  | ＜電話＞(02)2577-8878 |
|  | ＜傳真＞(02)2577-8896 |
|  | ＜網址＞https://www.tohan.com.tw |
| 郵撥帳號 | 1405049-4 |
| 法律顧問 | 蕭雄淋律師 |
| 總 經 銷 | 聯合發行股份有限公司 |
|  | ＜電話＞(02)2917-8022 |

著作權所有，禁止翻印轉載。
購買本書者，如遇缺頁或裝訂錯誤，
請寄回調換（海外地區除外）。
Printed in Taiwan

TOHAN